LOCUS

LOCUS

# 廚房劇場

*Act in Your Kitchen, Back to Your Table*

蔡穎卿

蔡穎卿（Bubu）————————————————————

1961年生於台東縣成功鎮，成大中文系畢業。目前專事於生
活工作的教學與分享，期待能透過書籍、專欄、部落格及習
作與大家共創安靜、穩定的生活，並從中探尋工作與生命成
長的美好連結。

著有：《媽媽是最初的老師》《廚房之歌》《我的工作是母
親》《漫步生活—我的女權領悟》（天下文化）；《在愛
裡相遇》《寫給孩子的工作日記》《Bitbit, 我的兔子朋友》
《小廚師—我的幸福投資》（時報出版）；《我想學會生
活：林白夫人給我的禮物》（遠流出版）

個人部落格：www.wretch.cc/blog/bubutsai

「如果一個人沒有好好地吃，他必不能周全思考、好好去愛，也不能恬然入夢。」

——維吉尼亞・吳爾芙 Virginia Woolf

能與不能，不是一個人的價值代表：
想或不想，卻可以實際改變我們的生活質感。
我相信啟動廚房魅力的永遠是人——人無拘的心與萬能的手，
因此設備再簡單的廚房劇場，也會因為上戲的人認真投入，而發光、變暖。

珍惜每一次嘗試的機會，

享受每一段從構思到完成的過程，

注意平衡，

營養的平衡、味道的平衡、顏色的平衡、形狀的平衡。

你也可以循著自己的創意與美感，

從空盤到滿盤，

導出迷人的美食戲碼。

## |概念篇 *Conception*

Contents

# |實作篇 *Practice*

Contents

Contents

# Living的美好

> 認識蔡穎卿的人都知道，她對生活各個層面、細節，
> 都有自己相信的價值，並且身體力行地去實踐。
> 如今，她將用一種新的方式，
> 向我們敘述她對Living所相信的事情，所看到的美好。

大塊文化出版公司董事長　**郝明義**

過去想到「修身」、「齊家」，都在「格物、致知、誠意、正心、修身、齊家、治國、平天下」這個語境之中。比較形而上，和道德、節操有關。

後來體會到，「修身」、「齊家」也可以是很具體的。「修身」可以是怎麼注意自己的飲食與健康，怎麼鍛鍊身體與整修儀容；「齊家」可以是怎麼整理自己的家庭環境，怎麼使家庭生活產生新的美感與樂趣。

我們推出 Living 這個系列，正是想從具體的層

次來探索「修身」和「齊家」之道。一方面，Living有活著的意思，和「修身」有關；另一方面，Living也有生活的意思，正好和「齊家」有關。

所以，Living就是一個探索怎麼讓我們健康、有美感地活著，生活著的系列。

認識蔡穎卿女士的人都知道，她對生活各個層面、細節都有自己相信的價值，並且身體力行地去實踐。我和她每次見面，不論是在三峽她一手設計、打造出來的工作室，還是台南她定期去輔導讀書會的一家餐廳，抑或只是台北某個臨時選擇的咖啡店，場所不同，但她解釋自己想要和大家分享的經驗，描繪一些新的嘗試和可能時，輕柔的語調中所透出來的堅定和熱情，則始終如一。

由《廚房劇場》開始，蔡穎卿在這個系列的著作，正是她在歷時許久的準備後，用一種新的方式，向我們敘述她對Living所相信的事情，所看到的美好。

# 照本宣科學做菜

> 廚房一定有很多我不懂的玄機值得去探索，
> 而穎卿用劇場的觀念來說、來寫，讓我也懂了。
> 但那更深遠的魅力，得親自去做，才體會得出，
> 我盤算著：哪天我也來照本宣科地做一、兩樣菜試試吧！

洪建全教育文化基金會董事長　**簡靜惠**

初識穎卿是從她寫的一篇《我想學會生活》這本書的序文，這麼一位年輕 —— 相對我的七十歲，穎卿五十歲是年輕，就已知在自己的生活中，找到價值且努力認真的踐行者！接著她到基金會來舉辦新書發表會的演講，那天我趕回來聽，遠遠地看到她 —— 纖弱的外表、細柔的聲調，輕輕地「說」著，生活中的點滴片刻，淡淡卻深刻地打在我心……

她說：「我但願與人溝通時，能經常想到自己省思中的『節制』：好好聽別人說話，說真正想說的話，說有禮貌的話，不說本來不想說的話。」真是經典名言。之後我們談了一些有關我的新書《寬勉人生》的內容。穎卿真是一個認真的人，做人如此，讀書做事也是如此，她的感想，很獨特也很精闢有創意，也因此而引發我們倆將一起對談「另一種親子關係 —— 談婆媳相處」的延續活動。

她用「廚房劇場」這個書名，真的很特別！

上劇場我是喜歡的，但是廚房我並不熟悉。年輕時我在大家庭裡生活，我的婆婆很會做菜、料理家務，我沒機會也不必要進廚房。兒子結婚後，難得我的媳婦也喜歡下廚，她的廚藝很好，每年我過生日，她都會親自做幾樣菜請我及我的一兩位好友品嚐，頗獲好評。可是這一陣子我的設計師兒子也開始熱衷做菜了，每個週末我到他家去看孫女，媳婦忙著餵奶，他會圍著圍裙在廚房裡忙著打蛋切蔥，我則負責打雜……好奇怪的場面。

看著兒子「下海」當廚師，一付喜悅滿足的樣子，這或許也就是「過」生活的方式。

最近，我剛好在看《當下的藝術》（註），這是法國陽光劇團亞莉安‧莫盧金的訪談記錄。她說：「戲劇提供娛樂，也有倫理與教育的功能……」，所謂劇場是提供沉思、瞭解與細膩情感的殿堂，是神奇的宮殿，可以在觀眾的內在激起極大的悸動。

在廚房中也能如此嗎？

穎卿的廚房美學是以藝術的心情體驗實作，她把飲食與生活、料理的過程細細記錄下來，她要「知其然，更要知其所以然」，而讓讀者「在嫻熟於基礎後，也能創作出自己更深度而獨具創意的劇場效果」，然後在落實的過程中印證。原來是這樣的連結呀！

劇場是一切創作的起源──可以在短暫的時間裡呈現成果，就如陽光劇團的「陽光」一般，在舞台上將我們的疑問轉化成明亮的劇場。而廚房的藝術當然也可以，穎卿的這本書就將告

訴我們，如何在這個空間「化腐朽為神奇」！

我想廚房裡一定有很多我不懂的玄機值得去探索，而穎卿用劇場的觀念來說、來寫，讓我也懂了。但那更深遠的魅力，得親自去做，才體會得出，我盤算著：哪天我也來照本宣科地做一、兩樣菜試試吧！

註：《當下的藝術》，亞莉安·莫盧金、法賓娜·巴斯喀著，馬照琪譯，國立中正文化中心出版。

# 廚房是倫理與教育的啓蒙處

> 我就是從看媽媽做菜，學到一生做人做事的道理。
> 蔡穎卿透過這本書把生活的道理教出來，很值得父母細看。
> 她告訴你，人品第一，從小看大，見微知著，
> 在廚房中如此，在社會上也是如此。

中央大學認知神經科學研究所所長　洪蘭

我小時候台灣有句順口溜：「吃中國菜，娶日本太太，住美國房子。」當時很不以爲然，後來去美國留學，看到他們的房子果然明亮舒適，廚房尤其寬敞，不像台灣很多廚房都是塞在屋子的陰暗角落，有的甚至跟房屋的主結構分離，是搭出來的棚子。問起來，美國太太都異口同聲地說：「廚房是一個家庭的中心，我們花最多的時間在廚房，怎麼可以不寬敞明亮呢？」

是的，廚房是「主中饋」的地方，是一個主婦眼睛一睜開就進去的地方，客廳是只有客人來才去坐的，廚房才是一個家庭生活的重心。

在書序中，簡靜惠董事長提到陽光劇團的主持人說：「戲劇提供娛樂，也有倫理與教育的功能。」她問：在廚房中也能如此嗎？能，不但能，而且還是倫理與教育的啓蒙處。我就是從看我媽媽做菜，學到一生做人做事的道理的。

我家因爲都是女孩，所以從小被訓練廚藝，我妹妹四歲就會洗米煮飯。我們家每個人都有個小板凳，上面有名字，做事時站在上面，念書時坐在上面。我母親教我們做事要有順序，需要花最多時間的菜最先煮（這養成了我後來最難的功課最先讀的習慣）。湯在煮的時候就要洗菜，把菜泡在水裡去泥沙的時候，就要去剝蝦、切肉，按順序做，就可以節省時間。一塊豆干，橫的剖三片、直的切八條，叫干絲，要

切整齊，因為是給人吃的，不是餵豬的。凡是能吃的都不可以浪費，所以蘿蔔煮湯，蘿蔔皮就拿個竹籃放在太陽底下曬做蘿蔔乾。母親做菜時，嘴裡是不停的在教，跟蔡穎卿說做菜要「知其然，更要知其所以然」的目的一樣，因為只有懂，才會變，才能更上一層樓，做出新的菜來。

洗碗時，也要有順序，先洗小的，再洗大的，因為以前沒有洗碗機，碗籃的空間有限，我們都要疊得整整齊齊才能節省空間，把所有的碗都放進去。洗筷子時，母親說筷子是成雙的，少一根就要去找，看是為什麼流落到外頭。她養成我清點東西的習慣，使我一生受用不盡。

廚房是母親的天地，後來翻修房子時，我堅持廚房要有冷氣機，也想辦法把老家廚房變大，讓母親在裡面做菜時能更舒服一點。廚房一直是有著我美好回憶的地方，所以看到這本書的圖片精美，真是愛不釋手，難怪書名叫《廚房劇場》，它是享受人生的地方。

那麼，我在廚房中學到什麼倫理呢？我學到好東西要先給父母用。我小時候外公跟我們住，早晨起床，母親第一件事就是燒開水泡茶給外公喝；當時雞蛋很稀少、非常貴，都是靠自己家中養雞才有蛋吃，我撿回來的雞蛋，最大的蛋蒸給外公吃，其次煎蛋給我爸吃，剩下炒蛋給我們帶便當，母親從來捨不得吃。看到現在的母親自己去玩樂，把孩子丟給別人帶，以致凌虐致死，都覺不可思議。外公牙齒不好，他的飯要多加水另外煮，菜則要多煮幾分鐘、爛一些。

我在廚房中學到「大富由天，小富由人：勤能致富，儉則無匱」，最重要的是學會「替代」。天下沒有什麼非有不可的東西：煮咖哩雞，沒有馬鈴薯就用地瓜替代；煎魚，沒有薑就用蔥替代；炒肉片，沒有黃瓜就用洋蔥替代，只要功能相似，都可以替代。後來念了書就了解這便是窮（「沒有」的意思）則變，變則通，通則行的道理了。

母親是孩子的啟蒙師，啟蒙的地點就是廚房，難怪拿破崙說：「一個孩子行為舉止的好壞，完全取決於他的母親。」蔡穎卿透過這本書把生活的道理教出來，很值得父母細看。她說：「把抱怨婆婆的時間拿來清房子，房子就乾淨了。」跟我父親說：「把抱怨別人的時間拿來解決問題，問題就解決了。」是一樣的道理。我常想，如果讓蔡穎卿去做教育部長，我們的教育理念會進步很多，我們的社會會祥和很多，我們的政治會清明很多，因為被她教出來的學生沒有不好的。她會告訴你，人品第一，從小看大，見微知著，在廚房中如此，在社會上也是如此。

# 鏡頭下的生活之愛

完成這本書的攝影工作使我感到非常愉快。
夫妻能共同把一份心願完成，又在一起工作中不斷地溝通、設想，克服各種困難。
常有人問起：要如何增進夫妻的情感？我想，生活中「廚房劇場」的開演與升溫，
應該是少不了的，別忘了Bubu的叮嚀：回到生活、回到餐桌。

本書攝影者　Eric

在《廚房劇場》拍攝工作接近尾聲時，主編突然問我能不能為這本書寫一篇序。我從來沒有想過有一天會為Bubu的書寫序，但想想，自己身為作者的先生又是這本書的攝影者，如果能在妻子的第十本書上留下一點感言，的確很有意義。但離開學校後就很少這樣寫文章，答應之後，我煩惱了好幾天，雖不至於惡夢連連，卻也讓我體會到有一個早上Bubu起床時告訴我：「我炒了一整夜義大利麵」的那種感覺。

三十一年前，為了要幫我所愛的女孩留下美麗的身影，我開始拿起了相機。後來這位少女成為我的妻子，對生活充滿熱情的她以及陸續加入的兩個女兒，豐富了我鏡頭下的人生，攝影也成了我熱愛的業餘工作，只為家人服務。

一九九九年Bubu參加日本《家庭畫報》所舉辦的餐飲比賽，參賽作品後來都必須拍成照片寄到日本，於是Bubu努力設計食物內容及餐桌擺設，而我得在有限的光線及設備下研究如何將照片拍好。結果「優秀賞」及「帝國飯店賞」兩個獎項的肯定不只鼓舞了Bubu，也增進了我的攝影信心。之後，在我們所開設的餐廳的廚房裡，我也因為經常受妻子所託而得到練習，出新菜色時為每一道菜留下記錄，常常是我從自己的工作下班後的另一個責任。

Bubu對食物比對照片更有興趣，她很珍惜客人的感覺，要求餐點在完成製作後一定要以最快的速度送到客人面前，所以，我不能請工作人員等我一下，事實上也沒有人會為我放慢腳步或停留片刻。

我雖被請去，但要捕捉鏡頭卻得自己想辦法。隨著點單的列印和人員出菜進出的腳步聲，緊張的氣氛瀰漫在高溫的廚房中。有時我會想像自己是個戰地攝影記者，雖然沒有生命危險，但也要隨時小心轉身而來的熱鍋；更有時，我

覺得自己似乎阻礙了大家，特別是我那個工作起來十分投入的妻子。在廚房忙碌過後，我常會得到一份完整的餐點，是否這就是給我慢慢拍照用的？不，我得立刻放下相機，如此才能更準確地體會到客人在菜餚上桌那一刻品嚐的感覺。而Bubu總在一旁急切地要我回答，盤中的食物是「好」還是「非常好」，或是我們兩個之間的玩笑用語——「美味絕倫」。

在餐廳轉型為教學工作室前，Bubu開始了「小廚師」的活動，我因此有更多的機會可以留住小朋友專注於工作的可愛神情。透過鏡頭，我看到了喜歡和孩子相處的妻子以她的誠意和耐心如何激發出孩子最自然純真的一面，也感受到她不厭其煩地要大家「實作」的那股力量。

雖然我不是個專業攝影師，卻因著全年無休、二十四小時服務的優勢成為《廚房劇場》的攝影者。Bubu告訴我：「讀者如果能認真地實作完這本書的每個章節，廚藝即使沒有九十分也應該有七、八十分了。」為了達到這個目標，Bubu像導演般掌握每一個過程的進行，因為只有作者最清楚她所要傳達給讀者的訊息，所留下的照片都要有參考與對照的功能，這是我一再被告知的任務。因為Bubu希望讀者看到的都是他們自己能做到的，所以我的照片必須記錄真實的過程，不可以為了美化畫面而有任何不實的添加物，也不能為效果而停留時間。拍照之後，立刻品嚐，如此才能再次驗證配方是否需要修正。

這兩年來的廚事教學，Bubu常感覺到學員們許多基礎的不夠，她很想傾囊相授，又常礙於時間的欠缺，這次寫《廚房劇場》，當然因而想要給讀者更多東西，於是在製作的過程中就不斷地加量與更改。她常告訴我，大家對她多麼有耐心，而我也看到了大部分的過程，只能說，我很感謝所有參與這本書製作的朋友們對於Bubu這份慷慨之心的支持。她從少女變成妻子、母親，如今母愛已像漣漪一樣擴散出去，愛自己的女兒也愛所有年輕人，一心希望他們有能力精彩自己的生活。這是我從旁看到她寫這本書的情感，也是她在年輕時被許多好長輩愛護過的明證。

完成這本書的攝影使我感到非常愉快。夫妻能利用時間把一份心願完成，又在一起工作中不斷地溝通、設想、討論，克服許多困難，我真的懂得了有位攝影家看著妻子年輕時的照片，為什麼對記者說：「年輕的時候，我因為她的美貌而愛她；現在，我因為了解她而愛她。」

常有人問起：要如何增進夫妻的情感？我想，生活中「廚房劇場」的開演與升溫，應該是少不了的，別忘了Bubu在書中的叮嚀：回到生活、回到餐桌。

# 感恩而豐富的學習之旅

> 最喜歡聽Bubu老師說起食物與地理的淵源，在她敘述故事的同時，
> 我也逐漸吸收了教科書上所沒有的東西。原來飲食生活就等同於人生經驗，
> 食材的運用之心，可以表達一個人的眼界高低，
> 老師把她見多識廣的精華智慧，都融入了廚事之中。

協力作者　**王嘉華**（小米粉）

跟在Bubu老師身邊學習烹飪，從Bit Bit Café的廚房，到Bubu生活工作室的烹飪教學，轉眼三年了。這三年是我讓自己歸零，像白紙一樣，接受全新人生的開始。我的學習之旅，是很多人羨慕不已的，因為我的老師是Bubu。

回想起剛與Bubu老師相識，是在姐姐開的咖啡館裡。當時我正打算離開自己所負責的廚房工作，因為不懂得做菜這門學問，根本做不出一道像樣的料理，更別談要怎麼讓店裡的菜單有所突破，於是很任性地與姐姐爭吵，正要負氣遠離崗位。就在那個時候，Bubu老師第一次出現，與姐姐討論「早餐巡禮」活動的舉辦，並且願意擔任店裡的客座主廚，教我們做菜。

初次見面時，我心裡頭曾偷偷想過，眼前這個說起話來慢條斯理，外表這麼優雅的人，她真的會做菜嗎？一起同工之後，老師的廚藝及巧思，便使我佩服到了極點，那超乎想像的簡單料理方式，加上老師隨時靈光閃現的創意，讓初學者的我很快就能上手，並且完成一道道精美、可口的佳餚，使我重拾了對烹飪的信心。至今談起這段「奇遇」，我的心還是充滿著感激，總是會忍不住激動得熱淚盈眶。

一次偶然的機會，我主動徵詢老師，可否向她學習廚藝，沒想到Bubu老師很快就答應了我這放肆的請求，也展開了我求知學藝的途徑。

老師總是不厭其煩地教導我每一道料理的製作關鍵，從名詞、動詞到調味的平衡與比例。最喜歡聽Bubu老師說起食物與地理的淵源，例如老師在教義大利生火腿捲哈蜜瓜時告訴我，義大利這一區的乳酪品質很好，當地人民製作乳酪時，如果不能到達一定的品質就會淘汰拿去餵豬；吃乳酪的豬不只長得好，那一區的氣候也合適，人們風乾的技術又講究，所以同一地的兩樣產物就一起出名了。

不僅如此，老師最強調以科學原理來解釋烹飪，她的舉例說明讓人一聽就能輕易明白其中道理。她說：「烹煮白醬時，奶油與水本是不相融的，就像兩個個性完全不同的孩子無法相處一樣。要解決這個問題有兩種方法。一是用規定使他們合作，這就是添加『乳化劑』，強行改變一方的張力。另一種是不加任何東西，只用簡單的打蛋器強力攪動，這

支打蛋器就像另一位熱情的小朋友，不管讀書也好、遊戲也好，不斷邀約不合的這兩個人來參加，拉著他們就跑、帶著他們團團轉，不知不覺，原本互相不喜歡的兩個人，竟然做什麼都在一起了。而藉著攪拌，就可以進行另一種乳化作用。」

因為不懂，所以總覺得要做出一道好菜是件困難的事，而經過學習與實作後，料理真的變簡單了，尤其是在透過Bubu老師總是以劇場的概念與方式清楚地分享之後。

三年來，我有幸受到老師的調教薰陶，甚至參與本書的製作。看著Bubu老師為了要給我們更好的學習方式，而不斷推翻自己原先的構思，不管是早已擬好的文字或完成拍攝的照片，只

要發現可以做得更好，Bubu老師都會抓緊時間重來，常常是在工作室忙了一整天，回家還要繼續完成文字的部分。而我能幫助的卻是那麼有限，其實會擔心老師的身體狀況，卻不曾說出口。隨著時間與此書的逐漸成形，更加了解Bubu老師這麼努力做這本書的心情，這使我更說不出請老師好好休息的話語，只能盡我那微不足道的力量，協助食譜拍攝的製作。

這本《廚房劇場》讓我更加體認廚藝概念的重要性，學習烹飪這段時間的點點滴滴，都是幫助我找到安身立命的契機，也使我更懂得飲食生活與廚事之間的智慧。謝謝Bubu老師給我這樣難得的學習機會，我會努力，珍惜這一切。

## 獻辭 *Dedication*

我要把這本書獻給我八十二歲的母親與八十六歲的父親

如果人生的確有「第一桶金」，媽媽您教會我的家事能力就是那一桶無價的珍寶，我用它來買時間、買快樂，也買生活的趣味，這桶金使我感覺富足與安全，沒有任何改變可以帶走它的價值。

如果待人慷慨是一件重要的事，爸爸您就是最常鼓勵我要把慷慨轉化為關懷的人。每次您要我去幫助年輕人的時候，我就倍受鼓勵，您是我所見過最仁慈、真正愛護後生晚輩的人。

謝謝我的先生Eric，如果我能成為一個為理想而努力的人，那是因為你的了解。

更要謝謝小米粉、玢玢與小雨，只有「協力作者」才能說明你們對這本書的貢獻；那些無論晨昏、一起為工作而求好心切的努力，說明了兩個世代可以同心合作與互相學習的美好。

# 以廚事的分享，獻出我對年輕人的愛

> 我希望能把自己人生五十年所理解到的活力與趣味，
> 透過「廚房劇場」的呈現來分享「做」與「用」的經驗。
> 如果夠幸運，我所珍惜的年輕人或許將因而探討到：
> 透過自己的雙手可以創造出多種感官的喜悅。

**蔡穎卿**

做這本書的途中，時常想到三個人——我的女兒、我遠在聖荷西的外甥女，以及跟在我身邊已經三年，像自己女兒一樣的助理小米粉。

我的女兒Abby今年二十五歲，賓大語言學系畢業後以語言顧問創業。Abby對於自己的工作既耐勞又負責，但一進廚房，信心就轉為薄弱。我認為她其實很喜歡廚房裡的劇場魅力，卻覺得自己沒有這方面的天份；這隻工作中的老虎一進廚房就手足無措，變成一隻有時讓人生氣的調皮貓咪。

我困惑之餘，細心檢討，原因不外有二：一是她花在與廚房相處的時間太少又過度信任天份之說；二是我的善廚事的確給了她壓力，就如在她面前說英文，我會想起自己好像倫敦市場的賣花女伊莉莎，而她是希金斯博士。我們在兩個自己的地頭上同工時，關係都緊張得很，這應該是很多親子在生活或工作中的狀態。

但我想，解鈴還需繫鈴人，因此想為她寫這本書。我認為在一定的程度上，她代表了現代的某些年輕人，雖然喜歡美食、資訊常識也很豐富，但手下的工夫遠不及他們的能說善道與品嚐經驗。我以女兒為標準，不低估年輕人的聰明智力；但也以女兒為標準，不高估這一代孩子實作的能力。我的目標是清楚、實用，幫助想做的人有路可循，做出一手好菜——要說當然也要練。

我的外甥女曉齊則是另一種年輕人，柏克萊大學工科的高材生，在忙碌的工作之外更努力建立自己小家庭的美與樂趣，一如她童年時總把自己幻想為公主。但這公主可不是等著別人來伺候的貴族，而是居住與飲食極有質感，並且樣樣自己做得來的那種公主。

我的姐姐常常抱怨曉齊工作這麼忙卻堅持要下廚，又說她理家太完美主義。大姐雖然也在母

親的調教下很善家事，但她的理想生活其實是「使婢差奴過一生」，對於收入很不錯的女兒不肯請人代勞家事，有些不解。但我認為曉齊實在是個異常聰明的孩子，她生在新的時代、從小受美式教育，卻能自行把中西方、過去與現在的生活智慧與技能，交相融合並實踐。我常在這個三十歲的新手媽媽身上看到無限的可能，也因此，我覺得跟曉齊一樣的孩子應該會喜歡我在書中的分享，他們會穿越我所提供的基礎，延伸出自己廚房中更深度的劇場效果。

嘉華（小米粉）是我寫這本書的另一份靈感，也是我在完成了三分之一的內容後，決定修改整本書書寫方式的原因。

四年前我在台南遇到嘉華四姐妹，當時她們一起經營一個空間可愛、服務完美的咖啡廳，但我覺得屬於一個餐廳的基本條件——食物的實力是她們的欠缺，說起來也是餐飲事業的致命危機，所以我很冒昧地去跟她們說，我想幫她們設計早餐，並以客座廚師的方式實作兩個星期。就這樣，我認識了負責廚房的嘉華——一個工作習慣良好、肯思考、美感細膩、熱愛廚房但廚藝沒有踏實基礎的年輕人。

在台南一起工作那兩個星期，我曾想過，如果有一天我要開一個烹飪教室，嘉華會是我最理想的助理人選。當時我已準備北遷，怎麼說這種想法都不可能實現，但就像一個夢外之夢，許多發生在同一個時段裡的巧合，使嘉華加入了我的工作，並讓我看見對她更深刻的期望。

這三年，我在嘉華身上看到，在廚房學習中要把根基打穩，除了靠練習之外，做為引導者最重要的責任，是透過仔細的觀察來補足缺失的基礎。就好比當我看到她能做出一道繁複的點心或菜餚時，本以為包含於這道料理之中的技巧，都是她明白、而且可以應用自如的；但我忘了，過去並沒有人這樣教她，對於料理，她可以說是以「依樣畫葫蘆」的方式進行的。因此，我一方面透過實務讓嘉華有機會反覆練習，同時也花費很多的時間一一補足她過去所空缺的理解與知識。我很嚴格地要她做準確的自我要求，也因此在這本書中，我把「知其然必要知其所以然」提高到書寫的基礎。

我想起Pony去RISD上大一時的一份功課，她給我看了她所畫的兩張圖，並且跟我說：「媽媽，老師要我們去找一張自己喜歡的名畫先模仿，但更重要的其實是下一張功課——把其中人物的骨架解構出來的圖。這個練習是要讓我們知道，一張畫之所以看起來真實，表面之下還有很多複雜的結構；我做這份功課之前想很多，研究了本來我不曾想過的事情。」

Pony的分享使我更確定，任何一份學習都需要有完整的理解路徑，它的有趣與豐富也在這些探討中醞釀而成。所以，我也以同樣的心情來做這本書，希望能把自己人生五十年所理解到的活力與趣味，透過「廚房劇場」的呈現來分享「做」與「用」的經驗。如果夠幸運，我所珍惜的年輕人或許將因而探討到：透過自己的雙手可以創造出多種感官的喜悅。

# *Conception* 概念篇 ——

我很希望年輕人學習烹飪，不以追求時尚為目的，而以自己對生活的掌握為出發。有一天，當這些基礎都夠穩固之後，時尚或品味的敏感必會自然地出現在你的出手或品食之間。

學習一項技術，如果先有正確的概念，就能節省摸索的時間。發明家貝爾博士建議大家的「學習三部曲」：觀察、記憶、比較，也適用於烹飪。所以，在這本書的第一部，我要先談烹飪的概念。相信在讀過這些篇章之後，你會發現它不只適用於「烹飪」，也是一種可以廣泛運用於生活的管理思考。

我從小就害羞，所以，最怕別人以外表來判斷我，因為這常常使我失去某些表現自己的機會。長大之後，我了解到，人真正要被檢視的，既非學歷、財富或職位，而是做為一個人，你有沒有能力把生活過得很好，能不能確認自己的幸福之感。從此，我對於信心的認識不同了，我對於教育的想法也不同了。

我希望年輕朋友能在價值多元到混淆的社會中，透過生活實務釐清一偏之見，確立品質的意義，不只謀生更懂得生活。我也希望大家能從長計議地經營每一天、每一餐，通過互勉努力，學習做一個懂得珍惜「物」、「用」、「情」、「感」的生活者。

# 我的廚房劇場

> 我相信啟動廚房魅力的永遠是人——人無拘的心與萬能的手，
> 因此設備再簡單的廚房劇場，也會因為上戲的人認真投入而發光變暖。
> 我童年的廚房就是這樣的美地，因無法忘卻它帶來的快樂，
> 所以我珍惜、保護著每一個生活中出現過的劇場。

我覺得自己這一生中最幸運的所遇，是出生在一個「好年代」與「好地方」。但如果不說明原因，大概有人並不認同一九六○年在時間中算是一個「好年代」，更不會覺得那個時候還封閉在東海岸的成功鎮，也可以算是一個「好地方」。

我所說的好，並不是指那個時日的生活條件可以把今日的舒適或豐足比下去。恰恰相反，就因為我趕上了一個從無到有的年代，而家鄉的發展又不足，所以我經歷的「改變」是慢慢接觸的，對生活不曾有過「習以為常」的無感。我常想到，同生為人卻在不同的時間流、不同的成長地中如此差異地生活著，對「差別」、「改變」的實受與領悟，養成我對食衣住行的細節保持了「執著」與「變化」並存的心情。**在踩踏著日子前進的時候，我的珍惜之心是混雜的；有對舊時日技能的遵行習作，也有對新世界繁知的好奇貪學。**

從「無」到「有」，是物質上的一大改變，從「有」變「無」，則是心靈感受的消長。年齡與在鄉下成長的雙重條件，使我有機會經歷設備極簡卻倚靠熱情生活的年代；不只人的雙手必須巧，心眼更要活，才能創造有趣的食衣住行。不像今天，我們可以把其他人的眼光與能力買下，然後打包回家，再布置成自己餐桌上的景物與美味：**我們不再受限於工具設備的「無」，但曾經豐富「有」過的熱情，似乎慢慢流失在物質的方便中。**被生活撫育了五十一年，我兩度看到整個世代廚房裡的改變——從無物到設備齊全，從有人照料到清鍋冷灶。

廚房對於生活的意義，在我童年時期代表的是「生存」，那個年代的母親如果不下廚，孩子便得餓肚子。八○年代，我當了母親，多數人的家庭都已有了西式廚房方便的功能，但外食還沒有取代生活的基本供應。有傭人代理廚事是生活較為富裕的表徵，上餐廳也多半為嚐鮮

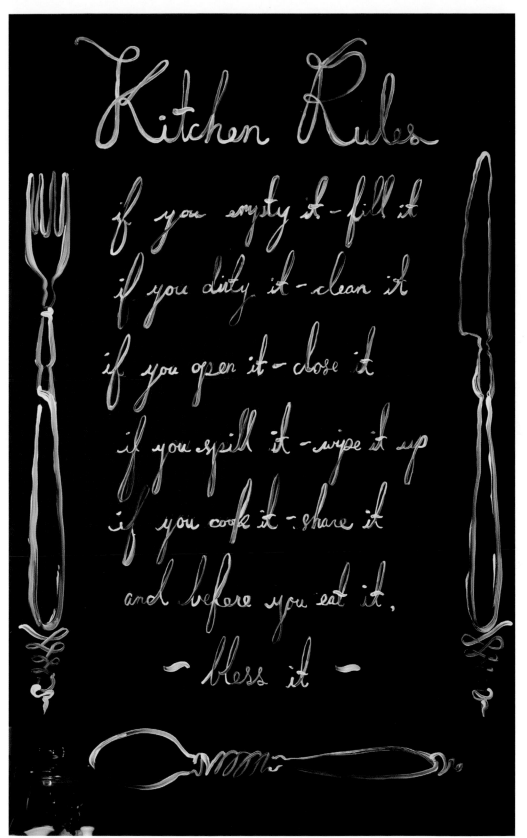

**Kitchen Rules**

if you empty it - fill it

if you dirty it - clean it

if you open it - close it

if you spill it - wipe it up

if you cook it - share it

and before you eat it,

- bless it -

在進廚房前，我也把這篇女兒幫我寫在工作室牆上的「廚房守則」送給你，祝福你與你的生活！

品新，那個時候，沒有特色的餐廳很難存活下來，因為人們較少為打發三餐而外食。

又過了二十年後，越來越多廚房在位置上佔據著一個家的中心，但離能量供應的意義卻越來越遠。各種廚房風格進駐市場，然而形式超越了功能，大手筆投資的裝修中，獨缺一份金錢無法一次購齊的溫飽暖意。**我有時無法分辨出一個家的廚房與一間廚具專門店的差別，在那樣的空間，器物陳設雖表達了品牌與經濟力，卻看不到一個主人的特質，一如沒有戲上演的劇場，美則美矣，卻不靈動。**

我相信啟動廚房魅力的永遠是人——人無拘的心與萬能的手，因此設備再簡單的廚房劇場，也會因為上戲的人認真投入而發光變暖。我童年的廚房就是這樣的一處美地，因無法忘卻它所能帶來的快樂，所以我珍惜、保護著每一個生活中曾出現過的劇場。

在這本書中，我之所以用劇場的概念與你分享食物的百態之美，除了因為其中的無限可能之外，更因我不希望年輕人錯過了自己可以舞動的迷人劇場。

# 做菜也是一種表演

> 食物的劇場範圍可以小到一道菜，
> 也可以大到整個用餐環境的氛圍。
> 變化的可能多不勝數，你只要改變其中任何一項，
> 就已經等於重寫了一齣戲，所以不必擔心材料的有限。

做菜是一種表演，但觀眾不一定是別人，如果你把自己也當成重要的觀眾，珍惜每一次做菜的機會、享受每一段從思考到完成的過程，你應該能了解，為什麼我把它說成是一種「表演藝術」。

記得有次開車經過一座廟，廟前起了棚架，台上有人在演戲，戲台下卻連一個觀眾都沒有，我隨口問先生：「沒有人他們演給誰看啊？」當時先生毫不猶豫地說：「演給天看，所以還是盛裝出場、全力以赴。」

是啊！我真喜歡這個答案，因為所有表演最深層的快樂，就是自己與演出時的意念交換，這也是為什麼喜歡做菜的人是可以獨處的。

## 怎麼開始這場表演

我既把做菜以劇場的角度介紹給你，就要先分享自己進行這個思考程序的公式：

材料（演員陣容）
＋劇情（單一冷熱處理或複合不同的動詞）
＋舞台設計（食物的扮相與餐具）

食物的舞台效果，在商業上最明顯的是從「定位」開始，希望有特色的餐廳會給自己一個範圍，先從供應的方向加強訴求，以凝聚觀眾的注意力。當你走進一家自稱為「上海菜」或「義大利」餐廳的空間，還沒有機會斷定料理地不地道之前，已經先被籠罩在第一層的劇場效果裡——裝修，從文化色彩與氛圍籠罩住參與者。這就像你走進劇場時，如果戲碼貼的是「遊龍戲鳳」，你當然不會期待舞台上是管弦齊奏、輕歌妙舞的歌舞劇，又好像你不會錯以為「威尼斯商人」是齣東方戲劇一樣。雖然如今劇碼與表演的創新或混雜也屬常見，但一般說來，**特色是優勢而不是限制**，尤其在這個常常混而不搭的食物劇場中，**特色的持守往往是成功的先聲**。

即使是一家大飯店的自助餐廳，整體上是想要吸納所有種類的客人，所以並不定在某個方向上，但他們了解這樣的鬆散很難達到食物劇場的效果，在「寬廣」之中也必須給予小型「限制」，以便造成主題明確的效果。所以主廚會想辦法給各個小供餐檯一個特色，這就說明了「廣卻不能亂」的重要。

商業上會搭配空間的陳設與氣氛來加強劇場效果，由外而內，一步、一步吸引客人進入它所營造的主觀世界；而你也應該這樣一步、一步把自己與家人帶到你所想打造的食物舞台上，讓他們喜歡留在家裡。

跟看戲一樣，好的舞台效果是值得為它付出代價的。我指的並不是去買昂貴餐具或食材，而是比金錢更重要的精神——**演的人與看的人所賦予一份食物的價值**。這個公式所要提醒你的是：變化的可能多不勝數，你只要改變其中任何一項，就已經等於重寫了一齣戲，所以不必擔心材料有限。

## 細節之中深藏韻味

因為從表演說起，我特別想分享一點關於食物表演形式的實際體會與經驗，我稱它為：**了解一齣戲的細節**。

我每個月固定看幾本不同國家的料理期刊做為進修的功課，有一天突然有個小發現：我覺得日本人掌握不了中國菜的擺盤藝術。大家都承認，日本職人的專注與用功使他們常可超越傳習者，這幾年東京法國料理的表現就有青出於藍的趨勢。但不知為什麼，日本的中國菜料理者常會端出讓人搖頭納悶的作品。我自己的推論是：中國菜沒有夠多可以做為範本的資料。

中國菜的擺盤藝術很微妙，就像中國戲曲，處在領會的心傳中，雖要下苦功，卻不是透過規規矩矩的模仿、練習就能達到。或者該說，它提供給學習者的領會不是直路一條。中國菜的美，散在文學雜記中的比寫成食譜的多，但如今餐館裡流傳的（國外尤其嚴重）又多是雕龍刻鳳、奇艷俗麗的裝飾，這當然不是中國菜的精髓。無可師法也許就是日本人研究中國料理時很難脫離呆板的原因之一吧！

比如，這樣一句話可以表達出中國菜含蓄的講究：「女主人交代下去，要廚子煮海參只用香菇就好，不要有其他的顏色。」她說：「整齊一點，好看！」但多數人對中國菜的認識可沒有「顏色整齊」這種印象，通常可見的裝飾是染過色的蝦片或已被空氣風乾的紅蘿蔔、一朵深紫的蘭花放在一簇巴西里旁，或是把鮮艷的生食材細細地繞盤一周。看起來很費工夫，似乎就是多數人對於中國廚藝的感受。

導演一道菜與看一齣戲的細節同等重要，存在於感受裡的微妙認知，試著把它累積起來，最好還能自我批判，這會幫助你的劇場有更大的伸展性與活躍力，細節之中深藏著韻味。

# 導演手記——從構思到成品

只要肯練習，我們的技術都會不斷地進步。
我鼓勵大家留下資料，
是因為日後當你回顧起自己導演過的劇場，
不只有照片，還有劇本，豐富而有趣的記錄將成為生活珍寶。

食物的劇場範圍可以小到一道菜，也可以大到整個用餐環境的氛圍。一般來說，家庭的餐食劇場以餐桌為表演範圍，而商業空間的表演則以整體環境為背景，人員流動與服務方式當然也是戲的一部分。一齣戲要以什麼樣的方式來呈現，即使其間改了又改，導演也是一開始心中就有構想的。

我的小女兒從小就愛畫畫也愛做菜，她上大學之後從藝術系轉到建築系，做許多事都習慣用畫畫來擬構想。有一天，我無意中翻到她隨手記下的好幾本筆記，才發現她每次興高采烈要做菜給我吃之前，都進行過「紙上作業」的程序。我自己也有不斷草擬的習慣，而小米粉的一整本繪圖筆記更是工筆精細。我想，無論擅不擅長畫畫，喜歡做菜的人都有習慣先在心中勾勒出圖形，並進行配色的考慮，這是戲中美術創作的具體作業。

我循著女兒的筆記去找我們生活照片的檔案，剛好有幾則都留下了成品的照片，這些可以映照手記的資料，希望給年輕朋友做為參考。

只要肯練習，我們的技術都會不斷地進步。我鼓勵大家留下資料，是因為日後當你回顧起自己導演過的劇場，不只有照片，還有劇本，豐富而有趣的記錄真是生活珍寶。

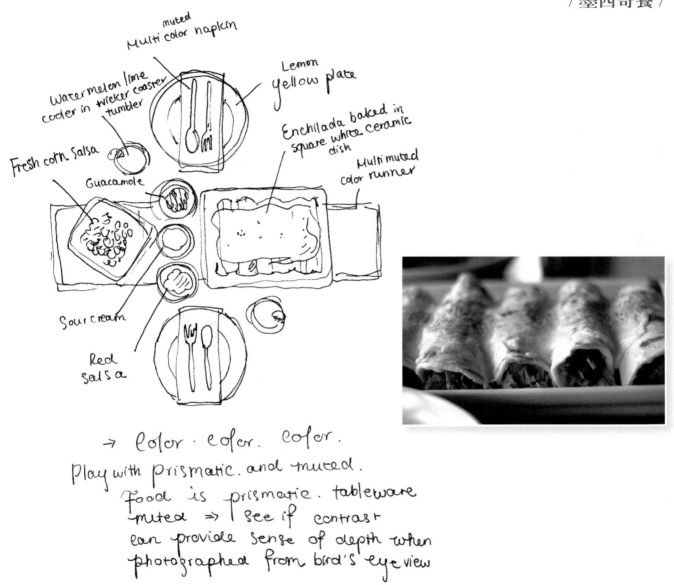

muted
Multi color napkin

Lemon
yellow plate

Watermelon lime
cooler in wicker coaster
tumbler

Enchilada baked in
square white ceramic
dish

Fresh corn salsa

Multi muted
color runner

Guacamole

Sour cream

Red
salsa

→ color · color · color.
Play with prismatic and muted.
Food is prismatic. tableware
muted ⇒ See if contrast
can provide sense of depth when
photographed from bird's eye view

**媽媽的附記：**
Abby 與我看 Pony 到處留下的筆記時不禁笑了起來。她說：「我覺得妹妹的字不是用來記錄，她有時候好
像把文字當『裝飾』。」也許因為筆記是給自己看的，許多心領神會可以不以規則存留而特別有意思。

## / 松花堂、抹茶與銅鑼燒 /

drink:
Iced matcha
frappe.

Dessert: Shiro-an mochi

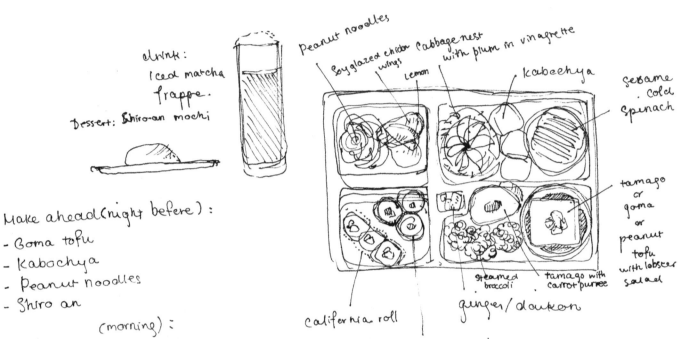

peanut noodles
Soy glazed chicken wings
Lemon
Cabbage nest with plum in vinagrette
kabochya
sesame cold spinach
tamago or goma or peanut tofu with lobster salad
steamed broccoli
tamago with carrot puree
ginger/daikon
california roll
tekka maki

Make ahead (night before):
- Goma tofu
- Kabochya
- Peanut noodles
- Shiro an

(morning):
- Cook spinach, let cool
- Chop cabbage, cut fruit
- Steam broccoli
- Make chicken
- Assemble maki

## Challah

Sponge:
1 cup luke warm water
1/4 cup honey
1 package (7g.) dry yeast
1 cup bread flour

Bredd:
1/4 cup olive oil
1 egg
4 egg yolks
1 1/2 tsp. Salt
2/3 cup sugar
3~4 cups flour
Egg for glazing

1. Stir honey. yeast. water. let stand 5 min before adding flour. Let stand 30 min.
2. Stir in oil. eggs + yolk till mixed.
3. Add salt. sugar. and rest of flour.
   Knead till dough forms. (10 min)
4. Place in greased bowl. Let rise for 1 hour.
5. Put in fridge and let rise overnight or 6 hours. Braid!
6. Take out and let rise 1 hour. Preheat oven to ~~375~~. 350
7. Beat egg and brush over dough twice.

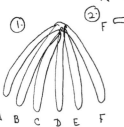
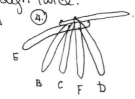
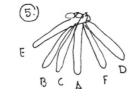

Basically, bring 2nd to whichever is at the top to the opposite direction, then the top down to the middle.

## / 蘋果chutney、蜂蜜燕麥麵包、鳳梨西瓜冰沙 /

### Apple Chutney

2 apples
1/2 chopped. onion
1/4 vinegar
1/4 brown sugar
1 tbsp. ginger
1/4 tsp. nutmeg + cinnamon

1. Combine all ingredients in a medium. Sauce-pan, stir well. Bring to a boil. reduce heat and simmer, covered, for 50 min.

2. Uncover and simmer over heat for few minutes to cook off liquid.

### Honey Oatmeal Bread

2 cups boiling water
1 cup oats
1/2 cup honey
2 tsp. sal
0.25 ounce yeast
1/2 cup warm water
4 cups flour

1. Mix boiling water with oats, 1/2 cup honey. Salt.

2. After one hour, dissolve yeast in warm water. 10 min.

3. Pour yeast into oat, add 2 cups flour, mix well. Stir in remaining flour, 1/2 cup at a time.

4. Knead 20 min till elastic. Let rise 1 hour.

5. Make loafs. 1 hour.

6. 175/350° for 25 min.

How to cut pineapple flowers:

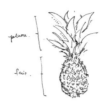

# 「想通」規則，「記住」準確

無論做什麼事，了解「為什麼」才不會停留在狹隘條件的限制中；
所有的「訣竅」都有成因，要習慣去探討後面的道理或證實不這樣做的後果。
廚房裡的準確應該是「知其然，並知其所以然」的透徹，
你不是因為隨性而顯得瀟灑，而是因為胸有成竹而感到自在。

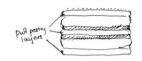

要能開展廚房劇場，除了記憶基本規則之外，理解規則「為什麼」形成是更重要的。所有的「訣竅」都有成因，要習慣去探討「撇步」後面的道理，或是去證實不這樣做的後果，才不會總是道聽途說。無論做什麼事，了解「為什麼」才不會停留在狹隘條件的限制中，烹飪是基本生活需要的解決之道，它不可能在一開始就有嚴格的條件限制，因此，**放開你的成見，把你的聰明用來了解兩件事：**

問題是什麼？
問題在哪裡？

## 「理解得到，就表現得出」

因為不習慣探討原因，關於烹飪的秘方與笑話就到處流傳。有位女士每次煮紅燒肉都要先從一大塊肉切下一角再放入鍋裡，雖然她並不知道為什麼，卻覺得這是十分重要的步驟，從小看著母親都是這樣製作紅燒肉，想必這就是家

傳美味的秘密所在。直到有一天，朋友問她切下那一小塊的影響到底是什麼，她才想起要回家去問問理由。被問的母親說：「我也不知道呀！我看我媽媽都是這樣做的，要不然，我們一起去問問外婆吧！」母女倆於是到外婆家一探究竟，外婆一聽，心想這是個什麼問題呢？她聳聳肩笑說：「因為我的鍋子只有這麼大，一整塊放不下，所以不得不切下一角。這一刀不會使紅燒肉更好吃。」

這是個典型「知其然，不知其所以然」的廚房笑話，也許我們自己也常無意間進入這樣的思考迷路中。想想，有多少廚房裡的神秘感是從這樣的「聞而不問」開始呢？再經過傳說，簡單的規則就從一根鵝毛傳說為一隻天鵝了！

我對戲劇沒有研究，卻很喜歡看相關的書籍，有一次看到文章中有一段話說：「京劇做為一種『非書面文化』，其影響之深遠，也許只有國畫和中國烹飪可以與之相比。」這篇文章後

面又說到一些京劇演員雖然都幼年失學，但可以說是「沒有知識的知識份子」，其中有個描述讓我很難忘。作者說這些人的才華是「理解得到，就表現得出」，這借用來解釋我對烹飪規則的思考與期望，真是貼切。如何加深理解，又如果使理解完成在個人獨特的表現中，就是「廚房」可以稱之為「劇場」的時刻。

**我們如今稱為「規則」的要項，代表的是許多經驗的去蕪存菁，幫助我們節省一一親試的耗費。如果不花點心思想通規則的「為什麼」，不只辜負其中的科學精神，也無法藉此延展所需。**

## 想通規則，才能開啟創造

有一位朋友參加烘焙考試失敗後來與我討論，她說烘焙老師認為失敗的原因是她不熟悉試場的烤箱，但烤箱不能出借試用，那該怎麼辦？

我問她，有沒有人一次就通過考試，她說有，我因此回答：那就應該不是烤箱的問題了，如果烤箱有問題，其他人也一樣無法掌握。我又問她是怎麼準備考試的，她說就依老師交代，熟背配方、在班上練習。我又問她，對自己每一次的成功或失敗，都了解原因了嗎？她說沒有想過這個問題，每次成功了很高興，如果失敗了就再試試看。

我舉學開車的例子為她說明。三十幾年前，我們學開車，教練是這樣教的：完全以考試為目標來練習，看到地上教練吐一口檳榔汁的標記就向右打兩圈，放可樂罐的地方向左打三圈，我們練得很熟，卻不知道這兩圈與三圈從車輪所帶動的車身改變是什麼。所以，等執照到手了，第一次自己開車，沒有檳榔汁也沒有可樂罐時才終於了解，自己過去一個月來的練習有多盲目，都是不經思考養成的慣性而已，這種肌肉的記憶不足以應付新的條件改變。

雖然對烤箱不熟悉，但如果對整個製作原理夠清楚，臨場就能做出調整。人生從來不會出現一套專為我們量身訂做的生活條件，同樣的，廚房裡也不可能總有符合需要的完美設備。我們不能養成沒有這隻鍋子就不能煎一條魚，或不在某一個廚房就不能做出好菜的自我限制。但是，破除限制一如創作，我們得知道成功的門道是什麼，因此要把規則想通，它將帶你走出限制，它帶給你創作的信心。

## 記住成功，也記住失敗

廚房裡需要有「準確」的觀念，特別是對於一個剛入門學習做菜的人來說，態度隨便代表的可不是廚房裡的動感，而是失敗與危險增加的可能。我建議新手，不要被「藝術感」或「隨性」這樣的說詞給迷惑了，做菜跟任何功夫一樣，要熟練之後才會有自然的舉止。

廚房裡的準確不一定是配方或調味上的錙銖必較，而應該說是「知其然，並知其所以然」的透徹；雖然烘焙需要的科學更為嚴謹，但一般的做菜，各方面的準確也同樣重要。我常在課堂上跟學員說：記住你的成功，也記住你的失敗。弄清楚這兩者的前因後果，並記憶在腦中累積成個人的資料，是進步最快的方法。

為什麼我說這些是「個人的資料」？當我們做菜的時候，各種條件都在自己的掌握之中，只有你自己才清楚成功或失敗是在什麼條件下出現的。你該像辦案一樣找出其中的原因，從過程與結果之中推敲，這些經驗會累積成可觀的資料，在不同的條件中才能不斷複製成功，延伸穩固的烹飪基礎。

我有一位親戚很愛美食，不只愛吃也很愛做，但她生性既好奇又非常隨性，做出的食物品質時好時壞，永遠不一致。最糟的是，成功的作品都無法再現，因為她從不注意過程的變化，成功好像是誤打誤撞得來的意外，沒有被分析或記錄，實在很可惜，她的廚藝可以說是很有創意卻缺乏準確性。

成功的記憶可以複製更多的成功，或做為其他成功經驗的基石；失敗的記憶則可以避免覆轍被重蹈，資源被錯用。每一個料理高手的心中必定累積無數成功與失敗的經驗，而且知道自己為什麼成功、為什麼失敗；這就是廚房裡的準確，與瀟灑隨性的外表或動作無關，它的確是心中的一把尺。

# 關於設備與食材

無論有沒有高階設備，只要你願意動手，都能充實自己的飲食生活，
進而把生活當成是一帖良方，治癒文明或都市化所帶來的緊張與苦悶。
在食物過度豐富的今天，我們該學習的是，
不要失去生活中的每一項平衡，也不要失落在物質富裕的表象中。

二〇〇九年，我結束了持續二十一年的餐飲經營，開始烹飪教學之後，時常有學員問我兩個問題：

**我對有機食品有什麼看法？**
**我對鍋具的採購有什麼建議？**

對於生活，我必須承認我不想以某一種人的經濟力來看待或給出選擇的建議，這完全是緣於我自己的生活經驗所養成的心情。

在家鄉讀小學時，我的家庭有些與眾不同，在多數同學聽都沒聽過壽司的年代，我已在母親的親手帶領下練習一捲捲作工精細、配料完美的壽司卷了；盛夏蟬鳴的午后，我在有庭有院的日式房子裡吃著母親用牛奶紅豆沙凝成的凍凍果、看書閒度永晝之時，我的男同學們正赤腳嘶聲遊戲於烈日之下。

生活的不平等對我來說是顯而易見的，然而我並沒有把這份不平等當成是自己或某一種人的理所應得，或把它當成生活品味的標誌。我只是深深珍惜自己能在父母的庇護之下過著這麼好的生活，這份感謝使我對所有的勞務都樂意學習與盡力操持，也使我絕不低看任何人的生活條件。

**能與不能，不是一個人的價值代表；想或不想，卻可以實際改變我們的生活質感。**因此在這本書中，我用的都是最基本的工具與設備，我相信無論有沒有高階設備的讀者，只要願意動手，都能充實自己的飲食生活，進而把生活當成是一帖良方，治癒文明或都市化所帶來的緊張與苦悶。我所信任的平凡生活一再為我加油，當我在一九九九年得到日本《家庭畫報》的「帝國飯店賞」時，我用來與豪華獨特競爭的，也就是每人生活可得的平凡；它不是「上天下地求之遍」的高檔食材，而是「飛入尋常百姓家」的地元雜貨。

## 健康不是富有的禮物

至於要不要用「有機」的食材，我也說出自己一向以來簡單的想法：假設有機食材的品質得到確認，價錢也只貴一點點（因此立意正確的綠色循環就不會被商業利用）當然沒問題；但如果必須為它付出高價，使某些人的飲食生活感受到壓力，那我是不會贊同的。

食物不同於奢侈品，不是慾望的克制就能解決的問題，它是無論能力高低的人們都得日日採購，賴以維生的。**一份只訴求健康卻沒能想到大眾能力的食材，在我看來愛與慈悲都不夠，因此能量也必然不夠**。最重要的是，我相信上帝是公平的，祂不會只讓買得起高價有機食品的人才能得到健康或美味；因為健康不是富有的禮物，疾病更不是貧窮的懲罰。如果因為高價而使多數的人感受到遠離健康的恐懼，那有機的理想——達成人與自然的共生永續，就被自己的說法所吞噬了。

在食物過度豐富的今天，我們該學習的是不要過量、不要失去生活中的每一項平衡，也必須學習不要失落在物質富裕的表象中。

## 基本的設備已經足夠

跟食材一樣，**我對於廚房設備也是抱著自在的想法，只要有基本功能，就一定能下廚**。基本功能是什麼呢？加熱的設備——瓦斯或電爐，兩者中有一樣，至少就能進行我們所提到的四種動詞（蒸、煮、炒、炸）。所以，如果家裡還可以添個烤箱，我就建議一次到位，至少買一個中型以上的機型，千萬不要大大小小，一個一個買，然後一個一個堆。我看到有人烤雞用一個炫風鍋、烤土司有烤麵包機，還有小型烤箱、壓烤三明治機……覺得太不可思議了。我不懂為什麼需要一個壓蒜泥器，磨泥板就可以通用許多食材，如果處理一件事就需要一個工具，烹飪就變得很死板，一點都不好玩了。

我不買太多的小家電或器具，因為很佔空間。**我的空間是為了要活動時伸展用的，不是為了存放物件**。所以我以下分享的，是自己在廚房運作三十年，覺得真的有必要的設備；也是我寫這本書時，用到的所有器具。

- 瓦斯爐
- 烤箱
- 烤盤
- 蒸爐（沒有的人可以用鍋子與蒸架）
- 果汁機
- 電動打蛋器
- 噴燈（或稱噴槍）
- 砧板
- 中式菜刀
- 小尖刀
- 磨刀石
- 刨刀
- 磨泥板
- 擠汁器

- 量杯
- 量匙1組
- 淺平底不沾鍋1隻
- 深平底不沾鍋1隻
- 長方玉子燒鍋1隻
- 鍋蓋
- 單柄湯鍋不同大小2隻
- 雙耳大鍋1隻
- 料理長筷
- 鍋鏟
- 不銹鋼夾
- 不銹鋼盆大小各2隻（玻璃盆或磁盆也可）
- 潔白吸水的抹布數條
- 擦手布數條

# 養成計算的習慣

> 廚房裡的有為應該是「進退有據」，
> 因此不只要有計算的習慣，還要做正確的盤算。
> 這樣才不會浪費掉生活中的資源，阻絕原本不用形成的負擔。
> 而這些思考一定會慢慢增加你對生活的了解與控制。

在廚房中應該斤斤計較，盡可能挑戰你自己的思考周延度。

我看到很多人雖然並不是故意要浪費，卻真的不斷在倒掉食物——東西壞了啊！不倒掉該怎麼辦？那麼，你是否曾仔細分析過食物浪費掉的狀況，了解其中的原因並做出改善？

我希望能與大家分享廚房中的計算概念，最好讓這種思考變成你的習慣，才不會浪費掉你生活中的資源，阻絕原本可以不用形成的負擔。

不要小看你倒掉的一盤剩菜，它包含有時間、金錢和情感的成本在其中。你曾花費時間料理它，壞掉後又要花時間來清理，這是時間的成本；金錢的浪費不用多說大家都明白；而情感呢？動手清理的時候心裡難免懊惱，但不得不承認，會有這倒掉的動作，是因為一開始自己沒能計算好或根本沒有想過需要計算，在處理時就難免對自己掌握生活的能力感到沮喪。這就是一盤壞掉的剩菜對我們的精神剝削。

計算真是可大可小的事，又因觀點不同而容易做出錯誤的判斷。以獲利來思考是一種算法，避免損失又是另一種算法，前者主攻，後者是守。而廚房裡的有為應該是「進退有據」，因此不只要有計算的習慣，還要做正確的盤算。

## 折扣討到的是便宜還是損失？

我聽到有個媳婦到處問人要不要一點蒜頭，她說：我在鄉下買了好多，好便宜，一斤才三十五塊。婆婆聽了說：買那麼多做什麼？市場一斤五十。媳婦聞言一算，每斤差十五元，她覺得這是一個很大的折扣，於是高興地回答婆婆：「所以我才買了一堆！」才一說完，婆婆就輕輕提醒：「蒜頭不會用那麼多，到頭來丟掉或乾掉的一定比妳省下的多。」

這是廚房（或說生活）裡的實情，我們很難以攻的方式討到真正的便宜，促銷戰與大賣場就是這樣一次又一次利用著我們都有的弱點——「短視近利」：眼前省下的都算是賺到，日後丟掉的都不算是損失。

折扣品省下花費所得到的快樂離付出錢的時間很近，所以有催促作用，下決定時經常覺得很開心，發現自己原來是懂得精打細算的人。等到要丟掉過期品的瞬間，通常又會有兩種複雜的情緒交織：一是清楚看見了失算，另一卻是不想追究先前錯誤的原因，所以下一次買東西的時候，以攻為主的思考還是主導著我們的決定。但，這是一個需要改變、也可以改變的習慣。現在，我們既然了解問題在哪裡，就應該開始養成解決無謂浪費的計算能力。

## 一碗米可以煮成幾碗稀飯？

為了讓這些計算概念自然地進入你的腦中，我要以生活實例來說明它們進行的方式，也請你在看這些實例的時候，把自己想像成主掌這一餐的當事人。

這是一個炎熱的中午，長輩提議：「吃稀飯吧！比較容易下口。」你除了很周到地想了幾道適合品粥的小菜之外，頭腦裡馬上要同時輸入幾個計算條件：

這一餐有幾個人吃飯？
每一個人的食量大約如何？
一碗米可以煮成幾碗稀飯？

舉例來說：這一餐長輩有朋友來，總共有兩位男士、三位女士跟一個小小孩。男士通常食量大、你的菜又煮得很好吃，如果寬鬆地計算，每人大概吃三碗，女士平均一碗半到兩碗，小小孩半碗多，準備十二碗的粥就已足夠。

當你有了這些基本考慮，量米下鍋時就只會準備兩碗。為什麼？因為你知道一碗米大概可以煮出六～八碗粥（依照稠稀度不同而定）。千萬不要以為六個人就是六碗米，如果你真的下了六碗米去煮稀飯，我猜你會遇到兩個問題：首先是一般小家庭應該沒有這麼大的鍋子可以把這六碗米成功地煮出來；其次是你若當真煮三十幾碗稀飯，挨罵的機會應該很高，長輩會搖搖頭說：「沒打沒算。」

生活的能力不足最容易引起家人衝突，特別是婆媳之間。所以我一向主張，如果有時間抱怨婆婆的問題給朋友聽，不如把它拿來精進料理的技術，讓長輩欣賞或佩服你的生活能力。**不再隨意浪費的生活，讓人有一種富足踏實的感覺，因為掌握是能力的證明，而信心奠基於能力。**

## 把單位化為對你有用的參考值

去菜市場的時候，雖然你聽到的都是一些很熟悉的單位：台斤是600公克、公斤是1000公克、中國大陸用的一斤是500公克，或是歐美用的一磅約453公克；但比單位更重要的，是這些正確的數字能否化成一個對你真正有用的「參考印象」？

小的時候，媽媽常會說一些廚房裡的笑話來引發我的學習動機，希望我不要變成廚房裡的外行人。我最喜歡的是一個不諳廚事的媳婦把苦瓜拿來削皮，葫瓜卻連皮一起煮，她接連挨了兩次罵，委委屈屈地哭著跟婆婆說：「苦瓜皺皺，削皮您罵；葫瓜亮亮，沒削皮您也罵。」

總之，這媳婦是丈二和尚，既摸不到婆婆的心也摸不到自己的頭腦。

我還記得媽媽也常常會用「打老婆菜」來形容某些青菜煮前與煮後讓人驚異的相差量；翻譯成現代的語言，這種菜應該叫「家暴菜」，粗魯的丈夫看到一大把青菜煮熟上桌之後只剩一小盤，於是懷疑太太在廚房裡偷偷吃掉大半而拳腳相向。

所以，了解量的計算是經驗，要化為對自己有用的參考值，才不會在數字中空轉或嚇自己一跳。一斤肉在腦中要把它變成：生的一大碗與煮過之後又縮少的量，而一個人一餐到底要吃多少的肉量才合適與滿足。

---

**TIPS**

## 你該掌握的廚房計算概念

● **小家庭不購買大量的食材**

食材與其他物品不同，它本身有種種限制，因此不適合囤積：一是新鮮的問題；二是再美味的食物，經常吃也會厭膩。如果大量買而不吃，東西會過期；如果為了趁新鮮而經常吃，會折損我們對那些食物的好感。我覺得，當人把一樣東西吃到厭膩的時候，是對大地餽贈我們食物的無禮，珍惜著吃的人才能保存食的美意。

● **買菜之前，從完成品的需要量來反推購買量**

這個反推需要有全面性的觀照做為依據，有些是必須記憶的常識，好比說一碗白米能煮出多少乾飯？多少稀飯？（關於這一部分的日常知識，我把它整理在右頁的專欄裡。）

● **可以用你手中現有的食材組合而成的調味品，就不要再買成品**

廚房中的浪費有許多情況是不明究裡所造成的「重複」。好比說：普通人家的廚房裡一定備有鹽、糖、醋，做壽司飯的調味醋就是這三種味道的組合，你所需要的是弄清楚它們的比例，而不是去買一瓶現成調味醋，用掉一點然後再把它存放在冰箱，讓瓶瓶罐罐佔滿你有限的空間。

這與整餐飯的配置相關,所以另有一種計算也值得注意,這應該可以稱為「協調」——味道的平衡與不同營養大類的平衡。

一餐飯如果沒有全景觀而分開思考,會遇到類似的問題:你好不容易煮完一餐,卻發現「撞菜了」,菜脯蛋配紫菜蛋花湯或麻婆豆腐配白切肉。當餐桌上出現營養或味道同質性太高的菜色時,不只是營養上的失衡,也是菜容易剩下的原因。

為了讓你了解計算必須活用,我要再舉另一個例子來說明一道菜與一餐飯的關係。

例如:你的孩子很喜歡吃番茄炒蛋,所以你打算晚餐做這道菜。這個時候你應該問自己:

**我所準備的這一餐,同時還有哪些菜?**

一道菜在一餐中的比重,會關係到你該準備的量。飯菜的總量是我們一餐所需,如果你不希望每餐都有剩菜,就更要做好事前的計算。

假設是三菜一湯中的其中一道,代表這道菜應該有「一定的量」才能滿足家人的需要。但是這「合理量」的推算,除了以你對家人食量與喜好的認識之外,還要想到這道菜的組合「有蛋、有番茄」,問問自己,一個人如果分配到一顆蛋與一個拳頭大的番茄夠不夠?如果要更多,增加多少是合理的?這些思考一定會慢慢增加你對生活的了解與控制。

---

`TIPS`

## 值得你記在心裡的參考量

以下我列出一些很日常的食材參考量,希望對你有小小的幫助——

● 如食指大小的草蝦或白蝦1斤大約有25～30隻

● 1包義大利麵大概可以煮5～6人份

● 1碗蛤蜊湯裡如果有8～10顆蛤蜊,量已足夠,1斤大小中等的蛤蜊約有25顆

● 1碗白米可以煮成3碗白飯、約6碗中等稠度的粥

● 半顆小玉西瓜大的南瓜約可做成6人份香濃的南瓜湯

● 1顆蛋可以蒸出150CC約佔碗七分滿的蛋

# 食材的切理

> 我覺得不必苦追一把頂級的刀，懂得用、經常用才能使得巧。
> 下刀處理任何食材時都該想一想，為什麼選擇這麼切而不那麼切，
> 食材的尺寸大小會直接影響到加熱的時間，
> 形狀則影響到整道菜的視覺效果，所以需要事先的考慮。

在這一章中，我想分三個部分來分享食材的切理：一是刀與使用刀的方法；二是決定某一種切法背後的思考架構；另外我也將簡單介紹幾種常見的切法與應用。

**刀是器物，用刀的是人：使工具產生功能與美感就是用刀的藝術。**這裡所說的，並不是飛刀快切這一類的表演，而是生活工藝的體會與提升。關於運刀的思考，古今中外大概沒有任何文字能勝過莊子的名篇〈庖丁解牛〉。不常做菜的人，喜歡把這篇文字以精神面的高度來討論「出神入化」的生活哲思，但我每次用刀若想起這篇文字，總會回到它的實用面。

庖丁之所以能「游刃有餘」，是因為「見其難為，怵然為戒，視為止，行為遲。」他的「以無厚入有閒」完全來自於細心的觀察與思考，所以一開始他對文惠君所說的話也許是最重要的：「臣之所好者道也，進乎技矣。」他不是只愛超群的技術而苦練，他愛的是運行於事物間的道理，他的用刀完全是架構在思考之下，因此後面的屏氣凝神、謹慎下手，才是庖丁終能躊躇滿志的原因。那美不是速度的表演，而是超越視覺的心領神會。

我們解的雖不是龐然大物的牛隻，但面對食材時，若能想起其中的道理，**你也會覺得「切」不是機械化的動作，而是心手呼應的節奏。**

## 刀與刀的使用

市面上有各種各樣的刀，賣的人會把自己的好處說盡，但就算你把他那把買回家，用起來也絕不會像他介紹給你時那麼俐落。

並不是他騙你，而是因為他用得熟，當時所感受到的巧，也就是你必須與你的刀相處才會產生的感情。所以，我覺得不必苦追一把頂級的刀，懂得用、經常用才能使得巧。

我喜歡用中式薄刀（如下圖），也喜歡經常磨刀。我們如今常用作動詞的「砥礪」兩個字，就是磨刀石，語出《山海經》，粗者為礪，精者為砥。一塊磨刀石是由粗細兩塊石頭黏合而成，先用粗面磨利，再用細面拋光，手中雖然磨的是菜刀，但刀在石上來去之間，我心中同時對生活有深切的反省之感。

無論你習慣用西式刀或中式刀，都有幾個值得注意的問題：

● 一般握刀的方法

● 熟悉一把刀不同部位的用法
  刀尖（剌、拉滑）、中鋒（切）、刀根（挖芽眼、斷筋）、刀背（去皮、剁泥）

● 施力的方法
  拉或拖、直下、剁、壓、滑礦

● 安全放置砧板與刀的方法
  砧板下要放一條濕抹布，以免切時打滑；刀用過之後不要隨意放置，一定要把刀柄往裡放，以避免工作中手撥到時掉地的危險。

## 切的思考

下刀處理任何一份食材時都該想一想，為什麼你選擇這麼切而不那麼切。食材的尺寸大小會直接影響到加熱的時間，形狀則影響到整道菜的視覺效果，所以需要事先考慮。比如：

● 如果時間趕，白蘿蔔湯是否還需要切成你印象中的一大塊、一大塊再滾煮？薄片不只很快能煮透，也很好吃。

● 一鍋紅燒肉，肉的大小是否應該與相伴的食材搭配一下尺寸，才不會覺得怪？

● 要用來做成泥狀的食物，是否值得你特意花時間切得工工整整？

● 同樣是拿蒜頭來當爆香配料，剁成泥與切成片是否能影響一道菜的視覺效果？

● 有些食材在生的時候很容易處理成形，但加熱後就不容易留住預設時的樣貌，這是食材的特質，也是值得記憶的經驗，在切理時就要想清楚。比如說，紅蘿蔔切成絲加熱後不大會變形，但馬鈴薯可不一樣。

這些問題如果因習慣而形成下刀前的思考，你一定可以感覺到，連切菜都可以是自由愉快的創意，而不是模仿的複製。

## 你應該知道的切法

挑菜與切菜常是入廚學料理的第一步，連小小孩都好喜歡。切是整理食材的規劃，也是種種創作的探索，一刀或一刮、或簡或繁地改變一個食材的原貌。因為思及一個角色與一齣戲的關係，下刀時就絕不是盲目的，而是像在劇場上為演員定裝，決定他出場時的扮相，好開展同一個食材原本單一的戲路。

### 蛇腹切

蛇腹切是為了讓食材有很多切口來沾附醬汁，即席醃漬物常會用到這樣的切法；因切口多了，原本質地堅硬的食材就可以扭曲造型。工法不熟悉之前，可以在食材兩旁放筷子抵住，做為每一刀切下的底限，以免切斷。

### 壓花

用模具壓花時，食材的厚度不能高過模型，這樣才不會碎裂。如果要切成薄片，應該先壓出形狀再切薄，才不會浪費時間。

### 輪狀去邊

切成塊狀或輪狀的食材，如果用小刀或刨刀再修去直角，看來會細緻很多。這樣稍微修邊，跟特意拿個挖球器所成的正球形又不同，不是刻意以模型求工，但多增一點食物溫柔的感覺。溫潤原是食材的本質，是因為切才讓它們出現稜稜角角，修一下，恢復了原來的氣質。

### 即席調味的柑橘類切法

無論中西料理，柑橘類水果常會隨盤上桌做為即席調味，如果要讓使用者順利擠出汁，應以赤道線為準切開，再成瓣狀。在餐桌上擠汁時，可以用餐叉或筷子為支撐再擠壓，如照片中後方所示。

### 滾刀塊

滾刀塊是很普遍的切法，滾動條狀的食材，取大小相似但不規則的形狀，讓食物變得更有趣味。

## 唐草切

唐草切是把薄片食材的一部分斜刀切出平行的切口，再捲起，意像出蔓生植物的流麗之樣。小黃瓜薄片、生菜葉或是有透明感、質地軟的食材，都可以用這樣的刀法來取裝飾之用。

## 白髮切

白髮切本指蔥白細切成髮絲狀，在此我要分享的是兩個重點：要薄刀才能切出更加細緻的片或絲：任何食材在切成絲之前，要先成片。蔥也一樣，切成段後，管狀要先剖開攤成片，疊整齊後再取絲。蔥有粘液，小心刀打滑，刀尖可以劃，別忘了善用。

## 苦瓜去囊、取厚皮

苦瓜去囊或是其他食材取厚肉時，要先切成條狀、放穩，再以橫刀慢慢平穩前進，取所要的厚度。盡量用刀的前1/3會更靈活也更安全。

## 球狀裝飾

挖空一個球狀的番茄、檸檬或柳橙，就可以變成盤上可愛的裝飾。球狀會翻滾，刀若打滑就很危險，所以要先切出一個底，讓食材坐穩再進行接續的工作。提把的部分切出後，再用尖刀挖去果肉，底可以是空的，這樣比較容易做，因為不是當作容器，沒有底也無妨。

## 蒜頭切片

蒜頭除了拍打成粗細碎末之外，還可以切片。非常奇妙，即使是一個小小的蒜頭，取長的縱片與短的橫片，對於一道菜視覺上的趣味也有影響。

# 熱處理的3個關鍵

為什麼不應該以大中小火做為加熱的標準？
你可能沒有想過，同樣的火力也會因鍋具的大小而造成不同的效應。
寫食譜的人所用的大火，很可能是你的中火就能達成的加熱程度；
我們需要了解的，是加熱程度所造成的熟成或香濃效果。

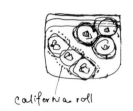
california roll

烹飪與縫紉一樣，是整合眼光、經驗與技巧的綜合練習。可喜的是，生活提供我們做此練習的機會比其他項目要多得多，如果你願意踏實地從照顧自己的飲食做起，事實上就等於在成長你的設計能力。以下所列出的幾個關於熱處理的觀念，是從很多人問我的問題中所整理出來的，也算是我自己的一種飲食主張，希望有參考的價值。

## 油的使用

多數的讀者在台灣長大，很了解油在我們的飲食中所扮演的角色，也因為外出用餐時吃到的食物特別油膩，就認為要把中國美食做好，是少不了大火大油的。說到大火大油，我想起有位朋友去美國上研究所時很想念家鄉的食物，有一天她決定要自己下廚炒個宮保雞丁以遣鄉思，由於過去很少做菜，還是先參考食譜。食譜上說，這道菜想做得好吃必須「油要熱、火要大」，於是這位朋友一點都不敢怠慢地直追

書上叮嚀的條件，結果引起了宿舍廚房的一場火災，賠償了一大筆錢。「油要熱、火要大」確實是我們對中國菜最根深柢固的印象，也是目前為止多數餐廳還在沿用的操作概念。

火大而達到油熱，對於幫助食物瞬間抵達高溫當然有很大的幫助，問題是這已經完全不符合現代人的生活需求。主要有幾個簡單的理由：

### ● 食物中的隱形油是健康的大敵

我們如今一天攝取的食物總量遠比過去增加，在已開發國家，大家要解決的是營養過剩的問題。因此，這些伴隨著調理而來的「隱形油」如果吃下肚去，對你的血管不好，如果倒掉，對你家的水管也不好。它總之都是不好的，所以我們一定要改變新飲食時代的用油觀念。

我稱這些用來製作食物的油為「隱形油」，是因為計算卡路里時常常把這些熱量忽略了，除了醫院的營養控制之外，一般餐飲業者不會細

細算給你聽。一隻雞腿九兩重，一下子就可以查出熱量是多少，但打上一層粉再放進鍋裡去炸，吸付幾克的油、總熱量又要如何計算就變得很複雜，這是最被我們所忽視的不當攝取。回想一下，有多少次你上餐館，當一盤菜盤底朝天後，一大灘油還汪在盤底。

在這本書中的實作，希望你能注意到每道菜使用的油量都很少，但盡可能透過正確的步驟而保存食物應有的香味，這是必須先建立起來的理解。

### ● 油煙四起的烹調將造成生活的麻煩

水煮有煙、以油爆炒煎炸也有煙，但這兩者的煙往空間中飛散所造成的污染卻不一樣。如今大家的生活非常忙碌，對空氣品質的認識也更深刻了，經常油煙四起的烹飪方式等於給自己帶來另一種生活的麻煩。

### ● 餐廳以油潤鍋的方法並不適合家用

餐廳之所以用油量很大，有一個最基本的理由就是：多油的東西因為滑順而更好操作。尤其在絕大多數餐廳裡，不可能使用細緻的鍋具，而大量的油可以潤鍋，使得供餐巔峰的快速製作更順利進行。一般家庭可以細細照顧的一道菜，在餐館就要分成兩個程序：能同進一個大油鍋去炸的主食材先進鍋，過油滴瀝一會兒再逐份與佐料拌炒，以達到最短時間裡的最高效益。但這程序一覽即知，當這頭主食材的油還未瀝乾，那頭與佐料要爆炒拌合的鍋裡已下了一大匙油，翻來覆去當中，一桶桶油從餐廳的廚房裡消失，一吋吋的腰圍也在外食者身上出現了。

## 火的調節

很多人習慣問：「我煮這道菜該用大火、中火或小火？」我建議你在看了這本書之後，**把廚房中的火力從爐口火花的大小標準轉移到對食物烹調的觀察。也就是說，你應該問的是：我要保持大滾、中滾或小滾？**

為什麼我們不應該以大中小火做標準？你可能沒有想過，同樣的火力也會因為鍋具的大小而造成不同的效應。你所用的鍋具不太可能與寫食譜的人一模一樣，因此他的大火很可能是你的中火所達成的加熱程度；我們需要了解的，是加熱程度所造成的熟成，或香濃效果。

火力的問題還有另一層意義。為什麼你開盡家裡最大的火、用的也是中式大鍋，卻無法以同樣的時間完成跟餐廳一樣的菜？表面上看起來的條件都差不多，究竟哪一個條件主導著改變的發生？是火力！

除了習慣用油量很多之外，餐廳與家庭料理不同的地方還有熱供應的問題——爐具不同而不是鍋子不同，因此供應給食材的熱可以均勻持續並瞬間加強。餐廳有所謂的快速爐、中壓爐等各種爐具，為的是以多禦少，也就是用更完美的熱供應來照顧食物。這些爐具的特色並不

只在於那忽猛忽熄的調節自如，而是瓦斯出口比一般家庭多很多，熱傳導也就更均勻豐沛。

在這裡，大家應該對三種熱能的供應有基本的認識：那就是傳導、對流與輻射。

當你把魚貼在鍋子上煎或烤的時候，熱能順著鍋具遞送，這是「**傳導**」；接著你蓋上鍋蓋，熱空氣在鍋中流動、碰到鍋蓋又下降，此時加熱的條件又加上了「**對流**」，因此沒有碰到鍋底的魚片上半部也開始變熟；站在爐旁調理的你雖然沒有直接碰到火，但慢慢也感覺到靠近爐旁的身體有熱度，這就是熱的「**輻射**」。

通常，我們很少單一運用某種方式做熱傳遞，都是複合著進行；因此如果以科學的角度來思考廚房的熱處理，我們就不要只想到「火」，而應該是熱處理的各種活用。

## 水的參與

什麼時候加水或加多少水，也是烹飪者常有的問題。我認為對於水與加熱的關係，應該被放到基本觀念的層次來考量，才能更有助於你的廚事料理。首先，回答幾個簡單的問題來幫助自己釐清水的功能：

你能不能不放水就把飯煮熟？
如果所放的水量不足時會有什麼狀況？

這裡舉例的是最生活化的食材，現在有電鍋，水量耗盡時加熱感應會停止，頂多是米粒半生不熟但不會燒焦；但同樣的情況如果發生在過去是用鍋爐直火燒煮，水量耗盡後卻沒被注意到就會開始焦化，不但飯沒熟，鍋底還結了一層焦粑。由此可知：當食材本身水分含量不足時，我們就會用水來支持加熱所需的時間。

**水分與食材的關係，常常並非是你原本的理解或單純的肉眼所見。**例如「蒸」這個加熱法，雖然有些食材可以不用浸泡在水裡，但也不可忽略它在密閉的鍋具中，因為加熱的蒸氣狀況改變而回流滴下的水分。如果你家裡有蒸爐，觀察一下給水箱的耗費水量與打開箱門那一刻的煙霧瀰漫，你就可以目睹水對於食物加熱的重要。

# 關於烹飪的 5 個動詞

所有常會出現在食譜或菜單上的調理法，
都不外是煎、煮、炒、炸、蒸這些動詞的地方稱語或複合應用。
你應該好好了解廚房中常用的動詞，了解熱能的傳送原理，
為你的食材演員找出最理想的表演形式，展現完美演技。

Fresh corn solsa

我們最常用「煎、煮、炒、炸」來形容烹飪之事，而仔細想想，除了「烤」之外，所有常會出現在食譜或菜單上的動詞如：燒、貼、爌、酥、烙、灼、涮、拌……等等調理法，其實都不外是這幾個動詞的地方稱語或複合應用。

一旦通透這些看似繁花似錦，但萬變不離其宗的事實之後，我想你應該會想要好好了解廚房中常用的幾個動詞。

在講解動詞之前，我要再幫助你看見動詞的重要。想像自己坐在陌生國度的餐廳，閱讀一份完全不熟悉的料理點單，我們無法僅從當地人慣用的菜名來了解食物，例如：Escalivada或「海老天」，但是，如果在菜名之下有另一份簡短說明，我們就可以得到幫助。

這樣的說明通常會包含我在這本書中不斷要表達的三個要素：**材料、動詞與調味**。

**Escalivada—Roasted Vegetable Salad**（動詞：烤）
**海老天—裹麵漿的炸蝦沾蘿蔔泥醬汁**（動詞：炸）

雖是兩樣異國料理，菜單中因為有動詞的傳達而幫助我們對陌生的飲食建立了具體的理解。反過來說，如果你要向一位外國朋友說明「鍋貼」或「粽子」等等習以為常的食物，不借用動詞的功能，似乎也很難說得清楚。

以下五個動詞都是用來遞送熱能給食材，而遞送熱能的方法有傳導、對流與輻射。當你開始關心做一道菜的熱能傳送時，才會慢慢了解為什麼要選擇這個動詞，而不是另一種。

## 煮

煮是利用水的熱對流使食物熟成。一份食材到底要煮多久，通常時間的長短，是根據**食材本身的質地**與**裁切的大小**來決定。像肉類的筋膜如果只煮熟卻沒有煮爛，就只能入口卻無法下

嗎，因此沒有人把未經處理的牛筋涮來吃。另外，同一種食材，切得較大塊當然要比切成小塊熟得慢，因此對同一個鍋具與同一種火力來說，時間與尺寸是對應關係。

**至於味道的深淺依附，則是靠加於水中的調味料來決定。**也就是說，並不是煮很久的食物就會很入味，除非你的水中加夠調味料，否則如果只是白水煮得夠久，所改變的只是質地並非「入味」。

依照煮的定義，食譜中常見的動詞如：燉、紅燒、白灼、燙、涮、川、燜、醬燒……等，都應該歸於這個動詞之下。釐清定義會收束我們操作上的混亂，這是我特別要提醒初進廚房的人，十幾個不同的菜名，在廚房中其實只是同一種演練，請不要緊張。

人類的熟食自森林大火的「烤」之後，繼之而來的烹調方式就是「煮」。陶器大約在萬年前出現，起先用來裝盛水，後來發現可以放在火上，煮的早期形式即進入人類的生活，我們的飲食也開始與溫度產生千變萬化的關係。而中國的「鼎」，也是從炊具上升為禮器的。幾千年來，煮的千奇萬變引導著食藝、器具的進步與味覺的探索，大概是因為這個動詞的用法最廣，所以我們一般就用「煮菜」來代稱下廚烹飪這個總體活動。

要認識「煮」這個動詞，一定得同時了解「溫度」與「水分」缺一不可的相伴意義；也就是說，如果沒有水分而進行加溫，這個動詞就不能叫「煮」了。為了使你更清楚這樣的關係，請想想一把米有溫度卻沒有水分的時候，它會變成什麼？

——「米花」或「米香」（動詞應是「爆」，歸在「燜爐烤」之下）。如果米有適量的水又有溫度，它就變成「飯」；又如果水量過多，溫度持續，就可以燉煮成一鍋「稀飯」。所以煮的基本型是溫度與水分，再經由水的比例與不同的調味而產生變化型。

## 蒸

**蒸是利用水加熱所達到的高溫使食材熟化。**蒸是快速的加熱法，尤其是當蒸籠或蒸爐很大的時候；而蒸最該注意的是**熱氣與食材**之間的對應關係。

常常被誤會的是：「蒸」過的東西，因為水氣會凝結在食物與容器上，大家就以為這是一種能保持食材多汁的加熱法。其實，**當食材中的水分達到沸點，水分還是要擠出食材之外的，所以，蒸太久還是會失去很多水分。**

面對食材的時候，你要想一想，是不是非用蒸不可？如果煮只是失去一些水溶性的養分，而不失去質地，那麼蒸煮之間的選擇就是何者方便的思考了。

不只是決定要不要蒸，老練的廚房工作者也會決定用哪一種火力來蒸。因此除了加熱底爐的火以造成蒸氣的火力，鍋蓋的緊密度也可做為調節之用。

只要拉開一點鍋蓋，就能使原本密閉的熱氣流有機會混進鍋外的冷空氣，以降低原本過高的溫度，讓某些不耐高溫烹煮的食物得到更好的條件。

不過，當然不能拉開到空氣無法形成對流，即使火力開到最大，當鍋蓋打開，熱氣也只是升騰而無法回送，就不能稱為蒸了。

什麼樣的食材合適於蒸或非用蒸不可呢？

- **食材本身含水分較多，或切得比較薄**——像是魚、貝或薄切牛肉、豆腐。

- **不想被水分稀釋掉味道，又不想用油或高溫處理的食材**——像中國各式臘味都會先蒸過再考慮是不是與其他食材拌炒，好比說蒜苗臘肉、蜜汁火腿的第一道手續都是「蒸」。

- **方便**——蒸是一個送入蒸籠或蒸爐中就可以不用照顧它的方法，在忙碌的供餐系統中很受歡迎。

- **形狀脆弱或必須靠蒸來成形的食材**——有一些食物無法放入水中煮，例如與水混合的蛋汁，還有不同穀類磨粉後以不同比例調水而成的「粿」，都必須用蒸的方法定型。

## 炒與煎

我把炒與煎放在一起，是因為這兩個動詞都是以「傳導」為熱的遞送方式，只是煎比較「靜態」，炒比較「動態」。食材如果以煎處理，安定在鍋中的時間會長一點，如果是炒便會來去移動個不停。

雖然多油大火的翻炒一向被視為中國廚房的獨門功夫，但應用平底深淺鍋的不同民族在料理食物時，只要是做出快速撥動以使食物受熱均勻、避免燒焦的動作，便都是「炒」的用法了。

**燒熱鍋子，藉一點油來進行比煮更高溫的熱處理，就是煎與炒。但兩者還有另一種差別則是「熱鬧」：**煎的食材多以單樣出現，但炒就經常要呼朋引伴同舞於一鍋。比如說，煎一條魚可以單純上桌，炒魚片就總要加一點其他的食材才像樣。決定用煎或炒，還是得回到食材本身的條件來考慮。炒是多面取香但短時間的調理，所以如果是質地堅韌的食材，切得再細也不能只用炒來處理，而必須先煮爛。像牛肚、牛筋這些食材以炒的方式上餐桌時，都已經先以另一個動詞「煮」處理過了。

中國炒鍋的弧度很奇妙，適合食材的滑動，因此中國各菜系在炒的發展上也最為多樣，如果要自在地炒，中國鍋當是首選。而平底鍋因為鍋底受熱比較均勻，食材體積如果比較大，用平底鍋煎會比用中國鍋煎理想。

## 炸

炸的完整名稱應該是「油炸」，無論是用哪一種油，**炸代表的是油與溫度配合所進行的熱遞送**。就像「煮」藉著水的熱對流、「蒸」藉著空氣的熱對流，「炸」是利用油的熱對流。炸應該分為淺油與深油兩種，而淺油的炸其實又與煎十分相似，食物只有單面泡在油中。

除了油的種類之外，食材通常會以兩種狀態進行油炸。這裡不進行分類或建議，有些兩種皆可，有些因有後續處理或質地適合一方，但很難規則化。

- **食材完全不覆蓋，直接進入油鍋中加熱**：最常見的有日本料理店的炸青椒、中國的炸香腸，中國菜最常用的前置作業「過油」，也是一種低溫油炸的方法。

- **無論厚薄與乾濕，在食材上先覆蓋一層粉與麵衣，再進入油鍋**：覆蓋在食材上的粉與麵衣如今實在有太多太多變化了，很難一一道盡，但基本上應以乾、濕分為兩大類。比如說，常見的乾沾粉有：太白粉、地瓜粉、麵

粉等（如190頁〈雞肉〉的【檸檬雞條】就是以地瓜粉來炸）；而濕麵衣最著名的莫過於日本的「天婦羅」與法式麵粉、蛋液、麵包粉三層的炸法（如138頁〈豬肉〉的【炸梅花肉】）。

因為油比水的沸點高很多，食物表面很快會乾燥褐變，散出多數人都喜歡的香味。但油炸的問題是健康與環境的污染，因此一般人並不喜歡在家裡操作油炸料理。如果在家裡做，一定要注意安全的問題，食材的表面不能有水滴，這樣很容易在炸的過程中引起油爆。由於水分達到沸點一定要蒸發，蒸騰而出時，夾帶著高溫的油滴常使人受傷，要特別小心。

## 烤

燒烤同時是最原始也最進步的烹調法。遠古那場森林大火燒烤了來不及逃脫的野獸，使人類有機會了解熟食的滋味，而且第一次就知道了最香的吃法，這是最原始的烤肉。因為對這樣的香味念念不忘，直到今天，越來越精密的燒烤器具還在被研發，也因此我們說它是最進步的烹飪法。烤還是應該分為兩大類來認識——

● **燜爐烤：食物在密閉的烤箱中，藉著空氣的熱對流與四壁的輻射熱而熟成並產生香味。** 大多數麵包用的就是這樣的加熱方法；小時候在鄉下焢窯烤番薯，也是燜烤。

● **開架明火烤：熱從上或下或四周，以明火進行熱處理。** 像日本小料理店的串燒或烤魚、中東的烤肉沙威瑪；中秋節家家戶戶搬個小火爐，用網架烤肉，都是開架明火的燒烤。

火力在下的爐具，好處是食物的受熱總是很理想，因為熱空氣往上升；但缺點則是，當食材的油往下滴的時候，就容易造成油煙與更大的烈焰，很容易燒焦食物。因此，另一種把出火管安排在上方的爐具就應運而生了。這種烤爐很方便，可以升降好幾層的高度，使食材不斷改變受熱的狀況，對於比較薄、油脂多或醃醬濃的料理來說最為理想。這種爐的下方還有一個水盤，如果食物在燒烤的過程中滴油，滴在水上的浮油會立刻降溫，比較不容易污染。不過這樣的爐具都只用於商業場所，因此也很少有精美的產品，但實用性確實很高。

家庭烤箱都是燜爐，但因大小與功能設計的差別，供應的溫度條件也不同。善用烤箱要注意的地方與蒸爐一樣，食物與空間要有理想的比例，讓熱空氣的對流夠順暢，才能烤出理想的作品。

噴槍也是烤的工具之一，可以創造出燒炙的效果。日本料理常把脂肪含量較高的生魚燒炙一下，增添幾層香味；而冰涼的烤布丁需要一層焦糖時，如果再把布丁送回烤箱就會改變整個布丁最理想的溫度，因此直接用噴槍做焦糖片是解決的方法。這也是熱處理的一大進步，烤具等於可以靈活地移動了。

# 掌握調味

> 調味的難，就在於它的沒有規則。
> 對於不同的食物有廣泛的認識、心胸又開放，
> 把喜歡的味道收存在腦中，並在做菜時小心印證也大膽練習，
> 你所掌握的調味一定會越來越好。

調味當然有天份的問題，不過，它也是經驗的累積。如果你喜歡做菜，一定不要錯過對於調味的練習，最好的方法就是：把喜歡的味道收存在腦中，並在自己做菜的時候小心印證也大膽練習。

早期日本在訓練西餐廚師的時候，並不喜歡收「鄉下孩子」當學徒；我們先不要對這個想法產生反感，一起來思考這種主張背後的原因，它反映的其實是時代的生活故事。當時有這樣的考慮，完全是基於對「見識」的重視。當飲食還未商業化之前，鄉下孩子的經驗多半來自家庭，自然是比較狹隘的，也因此這個規定只是培訓的門檻，具有簡單的篩選作用，應該沒有岐視的意味。但今天，各地的飲食經驗不停交換、激盪，城鄉差距已經不大，沒有人能再對鄉下孩子的烹飪天份感到絲毫的懷疑。

調味不只是糖、鹽、醬油、醋等瓶瓶罐罐的美好組合而已，它是廚房劇場的「實力」。表面上看起來一模一樣的兩道菜，調味足以決定高下。調味是無窮盡的變化，可以深入其內、可以停在表面，但又不是 每道菜都非得怎麼樣不可。**有些食材煮到味道透裡最好，有些食材就是得靠表面的味道來帶路才能深入原味之美**；調味的難，就在於它的沒有規則。一個人如果對於不同的食物有廣泛的認識、心胸又開放，並願意勤勉地練習，他所掌握的調味一定會越來越好。

我把調味的變化整理出幾個項目，希望幫助大家了解這個複雜而有趣的問題。

## 同料不同調

著名的台南小吃「炒鱔魚」雖有過很多報導，但足以表達烹調精細之處的店家，我認為則非「阿江鱔魚」莫屬。鱔魚的作法在台南分為打滷（芡羹）與乾炒兩種，雖然每一家都是這樣

分，但並非每一家都能在乾炒與濕燴之外完整地獨立出各有風格的味道。大概來說，都只是熱處理的方式不同而已——一種勾芡，另一種乾炒，但味道其實很近似。

阿江則不同，他的打滷是甜的，乾炒卻是明顯的鹹，沒有換湯不換藥的模糊感。至於辛香佐料，甜與鹹是一模一樣的：現拍的蒜瓣、完全沒有因水傷而出味的洋蔥和青蔥。但他這僅有的兩道菜卻能在相同的食材與佐料下靠著調味而讓特色各自突顯、完全分明，我認為阿江是少數真正懂得精確掌握調味品中甜與鹹特色的廚師。

阿江的甜鹹掌握可以做為調味最簡明的切入。台南為什麼只有阿江攤上賣鱔魚湯，又為什麼如果他沒空就不做這道湯？我沒有問過，但不難推想：鱔魚水煮是會有腥味的（現在可能要再加上養殖塘的土濕味），而阿江的鱔魚湯其實是把乾炒過後的鱔魚加水滾一下做湯——這是老式台灣菜的做法，如什錦湯麵或麻油羊肉都是這樣處理，意在先從熱鍋中取香以壓過生腥雜味。我想這就是他沒空就不煮的原因，因為兩道手續不只多佔爐台又費時間，這也是這道湯確實好喝的理由。

不過比起乾炒，湯的熱處理又多花了一點時間，食材起鍋後也泡在熱汁裡，鱔魚的脆能保留的時間更短，吃到後頭，鱔魚片也就難免較糊了，這又能說明溫度對食材的密切影響。

## 平衡與層次

調味除了要像「阿江鱔魚」一樣善用基本味的特色，調味品之間的平衡也是一道美食能夠流傳下來必須通過的考驗。平衡在調味中的意思並不是用量均等，而是彼此之間達到一種最高的和諧，是互相幫襯的意義。

味道的平衡需要經驗的批判與探求，有些初下

廚的人不夠了解調味平衡的問題，用的是錯誤的補救法，太鹹了加糖，太甜了再加鹽，如此沒完沒了的下去只是造成更大的錯誤。**鹹的另一頭不是甜，是「不鹹」，所以要先設法回到中點再繼續往下調味，緩衝或脫出鹹味都是辦法之一，在甜鹹中加碼拉扯就不是。**

除了各種平衡，味道確實還有層次的特色，但因為我們已經很習慣用大量的形容詞來包裝食

感，陳腔濫調中反而淺釋了「層次」的意思。我想用一種最常見的辛香料，來說明味道的層次——蒜頭。

以蒜頭為例，從生蒜開始，經過不同的溫度，蒜的香味會不斷改變。你可以試試看，如果烤或煎一塊牛小排，你喜歡配生蒜或是酥炸過的蒜片？如果炒一道絲瓜，蒜片先爆與最後再下又有什麼不同？這會使你從真正的體會中了解同一份食材的味道確實有層次的分明，而得以超出五味的分辨，進入另一種深與淺、濃與淡的感受。

## 排除不合適

**調味要攻防得法，除了懂得把合適的伙伴集合起來，避免非相關份子進來攪局也很重要，這是去蕪，前者是存菁。**

這種不合適最常出現在異國料理，起先也許是缺乏材料而有了代用的想法，後來因為商業上的名實不符也並不受責，於是越演越離譜。的確，飲食沒有定則，但它確實有著保留文化的意義，這一點如果不受重視，最後各國料理的特色就會消弭於這種大雜燴中。

記得有一次我們在布朗大學的校園裡找到一間很可愛的BYOB（自帶酒餐廳標誌：Bring Your Own Bottle）小泰國餐廳，滿懷期待吃到的打拋肉竟是用番茄醬炒出來的一盤肉糊，真是令人悵然若失，但這也是料理外傳後最常見的轉型之失。

根據文字的記載，中國人要比法國人更早就重視食物與味道的協調，《論語》中不是記有孔子很排斥不合適的搭配嗎？不得其醬他就寧可不吃呢！但如今台灣的飲食在百花撩亂中已是過度的混搭，有些失去基本美感了，讓人想起長崎的「桌袱料理」。

這樣很可惜，還是吃得少一點、簡單一點，但回歸到「適材適所」的原則吧。

## 調味的時機

該在什麼時候調味，常是初學烹飪者的疑問，我把這個問題先一分為二：**調味有時是「送味道進食材」；有時是「引味道出來匯集」。如果你能想一想，這一定有助於你了解何時是最適當的調味時機。**

比如紅燒或滷煮，就是要把味道送進食材去的做法，如果等到食物都熟了再調味，時間上已經晚了一點，因此滷汁的味道應該先決定，再用其中水量的增減來支持加熱所需的時間。

湯就不一樣了，尤其燉煮的湯通常是想把食材的滋味引出在水分中表達，如果急著調味，常常會過度。舉例來說：南瓜、排骨、洋蔥這三樣材料同煮是一道永不會失敗的湯，但如果你喝過這種湯，知道它甜味很重，所以一開始就猜測要加糖、加鹽，那這道湯大概是一定要失敗於膩口的。你應該等洋蔥與南瓜都把甜味滾煮出來，再決定最後的味道，特別是食材已經各有風姿的一道湯品，就先讓它們表現吧！你

會感到**驚喜**的。

## 破除舊迷思

越沒有下廚經驗的人越會執著於某些調味品的使用，這也是應該破除的迷思。如何破除呢？**動手去試你覺得很重要、非堅持不可的事，實驗要比空口辯論好。**

如果你問我：煎魚之前要不要先用薄鹽醃，那我會說兩種是不同的滋味，無論如何你得自己去試，才能了解我說的不同。要不要用冰糖煮菜？有人說它很補，補什麼呢？冰糖的成分不過是糖與結晶水，但如果你把它用於涼拌或快煮的菜餚，還沒完全溶解就已結束製作，你的調味不會準確。這簡單的想法將幫助你從不同角度認識調味品，不需要執著小處。再以營養來想，別說它不是仙丹，就算是，那一點點用量是不是那麼重要，也就清楚了。

我建議破除迷思，是因為將有各種聽不完的新主張會出現，為了讓你自己過得更輕鬆、更有行動力一點，就從基本的調味料下手吧！能信任平凡生活的健康也是一種難得。

# 廚房中的粉

勾芡最忌諱芡粉聚結成粒地出現在菜中，這是溫度使粉不均勻地凝固，
只要調整火力與攪拌動作，就可以把芡勾好。
不要爲難自己，溫度可以慢慢來，你之所以會手忙腳亂，
只是因爲還不熟練就硬逼自己一次到位，練習真是不可少的步驟。

現在的人接觸很多烹飪訊息，即使不下廚的人也知道「勾芡」的意思。但仔細一問，才發現這個詞中的「芡」已被遺忘，還被錯以爲是「太白粉」的別稱。

芡是水蓮科植物，俗稱爲「雞頭米」的芡實，是芡粉最早的製作材料；現在通用的太白粉，則多以馬鈴薯或樹薯製成。日本的「片栗粉」用法與太白粉相同，但其材料是鱗莖植物「片栗」，因產量不多，所以價格不低。

**就烹飪而言，「凡調入粉而使湯汁濃稠」的方法，現在都可以叫做「勾芡」。**有太多種澱粉具備這樣的功能，因此，什麼樣的食物會用什麼樣的粉來勾芡，在物流還未像今日這麼方便的過去，可想而知，「取材方便」一定是慣用的模式；另一種情況則是，在廚房缺少某一種材料的時候，巧婦會以另一種功能相近的粉來代替。

值得一提的是，並非所有濃稠的食物或醬，都是以粉來勾芡。例如西式濃湯，有些是來自食材本身或乳品的條件；而韓國著名的人蔘雞，湯汁的濃稠則來自糯米的貢獻。

粉類取材不同，黏稠的效果自然也有些差異。芡粉、藕粉、太白粉、玉米粉、片栗粉或地瓜粉雖然都能產生不同程度的透明感、晶瑩度，但吸水量與冷熱的反應各不相同。玉米粉很安定，冷卻後不會變稀，所以常用來做甜點的材料；地瓜粉則因特別香酥，油炸時得人喜愛；如果要非常透明潔淨的汁液，那片栗粉會是更好的選擇。

粉也應該保持新鮮，所以不必買各種各樣的粉以備不時之需，**我認爲一般居家廚房中，只要準備有市售太白粉與低筋麵粉，就已足夠應付多數的料理製作了。**一次不要買太多，如果放太久，既不新鮮還會長小蟲。

## 勾芡的技巧

我要提醒一下用太白粉勾芡時值得注意的幾個地方。通常，有三種情況會需要勾芡——

● **中式濃湯**：如西湖牛肉羹、台式肉羹、竹笙髮菜羹……等，待濃稠的水量最多。

● **把一道菜的湯汁加濃，其中的水量比湯少但比平常的菜餚多**：我們多稱之為「燴」，如燴飯、海鮮燴豆腐。

● **把菜中汁液稍做收束，呈現晶瑩剔透之感**：這種情況粉的用量最少，希望整道菜的勾芡若有若無，憑添自然的濃度，常是炒類或紅燒時最後一筆的裝飾。

三種勾芡都忌諱芡粉聚結成粒地出現在菜中，要避免這樣的「穿幫」之作，請注意攪拌的細節。是溫度使粉不均勻地凝固起來，只要調整火力與攪拌動作的搭配，就可以把芡勾好。不要為難自己，溫度可以慢慢來，你之所以會手忙腳亂、顧此失彼，只是因為還不熟悉這樣的道理就硬逼自己一次到位，其中的練習真是不可少的步驟。至少要練習過一到兩次，才能享受信手拈來的自然。

另一個值得注意的問題是：**無論燴或羹，如果要做滑蛋，請在勾完芡後再滑入蛋液**。澱粉有柔化蛋白質的功能，注意了這個小小的工序，就能使任何粗細的滑蛋都更漂亮可口。

## 勾芡的比例

以下是勾芡比例與熱量說明的參考資料。自己管理生活，才能避免無謂的驚嚇；網路流傳的消息，與其說要信或不信，不如說端視你有多少正確知識，以及自己能否掌握飲食製作。

● **粉與水的比例約為1：1最合適**。水太多，會影響湯汁原本的濃度；粉太多，不好攪拌，調好水的粉很快就沉澱，每次要用都必須再拌勻。

● **適合中式湯羹的比例**，可參考以下建議：每**150CC的湯汁以1茶匙的粉來勾芡。1茶匙的粉約重5克，每克的太白粉約是3卡**。

● **燴的濃度需要比湯更高**，請以**100CC與1茶匙的量為參考**。

# 擺盤的觀察與領會

如果在做菜的一開始就想到擺盤的規劃，
有些食材的切法即可提前得到良好的定位，形成擺盤中可利用的條件。
而一如看戲，局部特別好是一種遺憾而非優點，
因此，我總是以「整體考慮」做為方向，來思考我的擺盤。

擺盤就像一齣戲劇中「美術指導」的工作，他們為戲劇表演統籌規劃，使戲中所有的元素能互相吻合，讓表演的視覺風格達到統一。

「擺盤」這個看起來好像是在最後一刻才完成的工作，它的思維啟動卻是越早越好。如果在做菜的一開始就想到擺盤的規劃，有些食材的切法即可提前得到良好的定位，形成擺盤中可利用的條件；所以，越有前導性的擺盤概念，越能使一道菜的視覺效果有所突破。

用來盛裝食物的器具常被過份強調其獨特的重要性，但無論多美的器具，它不只要跟食物本身做美的協商，還要同時跟桌上其他的食器做風格的整合，因此，獨樹一格、美麗出眾的食器，也未必是最好的選擇。

在這一章中，我不多介紹器具，想偏重地談食物與食器的關係，如此才會幫助你更好地使用手中已有的餐具，而不是一心想購買新的。一如看戲，局部特別好是一種遺憾而非優點，因此，我總是以「整體考慮」做為方向，來思考我的擺盤。

## 比例

盤子是背景，透過這個美學設定，我們用以呈現一道菜的風格，因此比例事關最重大。背景大一點，食物在當中就顯得寬裕、大器一點。這跟盤子本身夠不夠美並沒有絕對的相關，再美的盤子，把菜挨邊齊緣地擠上滿滿一盤，怎麼說都很難讓人讚嘆。**比例是視覺上的留白問題，至少要預留一點盤子的空間讓菜可以有背景的襯托。**

食器與食物結合之後就是容器了，並非擺在櫃中、立在架上的裝飾品。因此，真正很有「看頭」的盤子，當成擺在桌上的進食盤更能突顯

特色；如果用來裝菜，就得好好為它設計合適的食物，使之相得益彰。

一如左頁照片中的這只盤子，因為圖案已經豐滿，裝一盤花花綠綠的菜並不好看，但如果當西式餐點的前菜盤就很不錯。

## 立體

擺盤的立體不一定是指精工細緻的費心之作，即使炒一道家常的青菜，也應該注意在上盤時為自己的作品做一個最好的結語。出菜前整理一下盤子當然是必要的，但並不是先隨便把食物倒入盤中，再花時間去整弄，這樣不但浪費時間做兩次工，還犯了做菜最大的忌諱：翻來翻去都翻涼了。

**上盤的立體是有簡單的技巧可學的。先把鍋裡的食物倒出三分之二的量在盤中做為基底，倒的時候就要注意食物是否落在正確的位置上。接著再把所剩的食物從鍋中堆疊而上，形成自然的立體感。**

## 裝飾

**裝飾要適可而止，不要刻意求工，更不要一成不變。**有很多裝飾的方法單獨存在並不難看，但與食物整合之後卻不能達到加分的感覺，因此，還是要回到最大的原則——「**以整體最美為考量**」，拿掉多餘。

除了過度繁複之外，生食材也常會對擺盤造成不協調或不穩重的影響。例如生番茄、生辣椒雖是看起來很討喜的紅色，但淺浮的紅色常與煮熟的食材不搭襯，如果稍煎或烤，就會使顏色更穩下來，上盤裝飾時也會有更好的效果。

裝飾用的香料植物則需要注意形的問題。例如以香菜做裝飾，並非把香菜放上就好，如果能挑細小一點的葉片，一心幾葉地重疊，像安排一個小花束再上盤，整盤菜的精神樣貌看起來都會不一樣。

# 避免敗筆

遠離廚房不是避開危險的好方法，
了解危險在哪裡、問題是什麼，才是由負轉正的開始。
正視廚房裡的負面狀況，用理解的方法建立謹慎的工作習慣，
能妥善避免廚房劇場裡的敗筆。

Dessert: Shiro-an mochi

我一直都讓小小朋友拿大刀，有的人看到照片時忍不住深吸一口氣替我緊張，有的人則是因為刀與孩子的身形不成比例而笑開。曾拿過如此大刀的小朋友不下幾百個，除了以「不知道危險在哪裡，就不知道安全是什麼」為教導宗旨，來幫助孩子更謹慎行事之外，我也想要藉著親近工作來開啟他們的防衛本能。

**我們常常說的「意外」，指的就是：根本不把危險放在思考中的時刻。**如果一拿起刀你就想到什麼情況會被切到，什麼角度、速度是不正確的，頭腦的訊號會幫助你提高警覺，而後肌肉的記憶會使動作自如。

我從小在設備還很簡陋的廚房中了解了困難、阻礙與危險，幾十年來即使一路體會廚房科技的轉變，對於危險，也已從幼年熟悉的基本工序中形成一種機制性的反應。如今，任何對我來說熟到不能再熟的工作，一上陣，我的頭腦還是會立刻出現一套警訊，我想如果不是靠著這套防衛機制的自動執行，我一定常常受傷。所以，這一章的幾個討論是要鼓勵你：正視廚房裡的各種負面狀況，用理解的方法建立謹慎的工作習慣，以避免廚房劇場的敗筆。遠離廚房不是避開危險的好方法，了解危險在哪裡、問題是什麼，才是由負轉正的開始。

## 刀傷：遵守用刀守則

無論你習慣用哪一種刀，要安全地使用這容易傷手的工具，有幾件事一定要放在心上。

● **不是只有眼睛沒看清楚，刀才會切到手，打滑也是一個常見的受傷理由。**打滑的原因有兩個，一是砧板與檯面的摩擦力不夠，所以你應該在切東西前，用一塊沾溼後擰乾的抹布墊在檯面與砧板之間。砧板穩了也還有可能打滑，那就是食材在切面上不夠穩。球狀的蔬果特別可能有這種情況，水分太多或太

油的魚肉類也會有類似的危險，所以瀝乾或擦乾食材很重要。圓滾滾的材料可以先切出一個穩固的貼面；切硬的食材，更要注意下刀之處是否晃動，萬一下刀打空也很危險，像是南瓜、大的地瓜都屬於這一類食材。

- 除了切到手之外，另一種刀傷也很常見：**廚房新手常常用完刀就隨手一放，完全沒有想**過會撥到或掉下。請習慣在用完刀之後，隨時讓刀柄保持在不超出砧板外緣的位置，將刀口朝內放好。

- **一把刀有刀尖、中鋒和刀根，要善用不同部位來處理食材，才能幫助你更安全也更輕鬆地切。**想通這些好處，你慢慢會習慣更靈活地移動一把刀，而不是想要擁有更多把刀。不馭於物的生活從善用工具開始。

## 燒焦：了解焦的原理

燒焦是食物過度受熱的情況，最常見的當然是焦在鍋底，也就是食材與傳熱導體的接觸面。但如果火太大，超過了鍋底所需而飛上鍋邊，常常也會焦在鍋緣，也就是水分先散盡而濃度最高的表面。

但焦不一定只是水分不夠造成的現象，所以一定有人有過這種經驗：煮粥、煮湯時，水還很多卻焦底了。這是因為除了足夠的水分之外，同時要有另一個條件：**水要確實地形成食材與導體之間的隔層。**為了達到這個目的，我們會以不傷鍋子的工具仔細地推動鍋底，用觸感確定食材沒有黏附在鍋具上。

有人把白蘿蔔成段切好後直接放入鍋內，開始以白水煮，不多久就聞到焦味。這是因為開火後忘了去動一下白蘿蔔，而平切的圓塊剛好緊緊貼在鍋底，雖然四周繞著水似乎很安全，但直火燒著的鍋底與緊貼著那一面的白蘿蔔，關

係卻一如燒烤，當然會焦。所以，當你明白溫度與燒焦的關鍵原因之後，請慢慢從觀察中建立自己對火的了解與掌控，了解熱處理才能讓廚房劇場不緊張。

除了火與水之外，也不要小看眼睛所看不到，利用「空氣對流」或「輻射」所傳遞的熱。有位朋友做焗烤，起先一切非常完美，正要上色時卻連焦兩次，為什麼？因為她低估了當時烤箱的溫度，按下定時器就去做別的事，覺得兩分鐘很安全，第二次再試一分鐘還是焦。我的建議是，這種重要的時刻就站在烤箱旁，目睹最好的顏色之後立刻出爐。

## 油爆：擦乾食材，善用鍋蓋

先把油熱到一定的溫度後加水是很危險的，因為水在短時間裡被提升到可以膨脹的溫度，會擠壓周圍的油而造成噴濺，如果鍋面沒有被整體覆蓋起來，很可能剛好噴到調理的人因而導致受傷。荷包蛋就是最常見的例子。

**煎東西時，請注意食材要盡量擦乾，同時記得鍋蓋可以幫助你在瞬間抵擋一下萬一發生的油爆。**有時候，大家會以一層薄薄的沾粉來解決這樣的問題，沾過薄粉的食材除了更容易造成較為整齊的表面，也會有不同的香味。

## 燙傷：保持冷靜判斷

在廚房裡要避免燙傷，除了善用手套、了解火與自己的正確距離以及乾抹布比濕抹布安全這種種基本知識之外，還要學會不隨便做出任性的反應。

我這樣說，是因為有時會在廚房裡看到人的本能是「大驚小怪」，一碰到問題就隨手一放或驚聲尖叫。誇張會造成廚房裡的二度傷害，只有保持冷靜才能挽救已發生的危險；至少，冷靜的判斷與一時的忍耐不會使災難更加擴大。萬一你不小心拿起一個烤盤，走到中途才發現手套不足以耐熱，立刻蹲下來放下烤盤，千萬不要在空中丟出盤子。這一類的心理建設是常識，不一定在廚房裡才用得上。

## 腐壞：注意溫差與收整

要避免食物的腐壞，必須先習慣注意溫度的差異。我覺得最有效的方法，就是**你該相信食物真的很容易腐敗，所以要注意它所存在的空間溫度是否合適。**如此一來，你才會有好的習慣隨手收整與照顧你的食材。

採購的量稍大時，要在買回家後就以「一次所需量」分別存放於合適的包裝中，冷凍的食物千萬不要不分裝而次次重新解凍。冰箱不要堆積太多食物，冷藏的空間不夠理想時，食物也很容易腐壞。

# 廚房的浪漫與現實——關於廚房清理

> 浪漫是所有人對廚房的希望，
> 但要維持廚房的浪漫得有面對現實的勇氣與能力。
> 只要我們建立更好的小習慣、拿掉不必要的大舞弄；
> 它可以把現實生活的精美，猶如劇場一般地表達出來。

電視、食譜或部落格中關於食物的照片總是拍得很美，而且「去蕪存菁」地只留住浪漫的一面。浪漫是所有人對廚房的希望，但要維持廚房的浪漫得有面對現實的勇氣與能力。

提醒你看見廚房裡的現實，並不是為了破壞浪漫的想法，而是這種訓練會使你更懂得如何運作廚房劇場。當我們坐在觀眾席上看戲的那段時間，所有的準備都已經妥當：燈光很美、演員就位，你的感受也很專注，集結出這份完整的美好是許多瑣碎的事前準備。然後戲散了，在我們離場之後，還有許多工作等待被收拾，這前前後後加起來的工作就是劇場的現實。

看到這裡，有些人會說：「這就是為什麼我不想下廚的原因嘛！我早就知道做菜很麻煩的。現在餐廳很多，我們又沒辦法煮得比專業廚師好吃，要吃什麼出去吃就好了，吃完了還不必洗碗收拾呢。」

言之成理。不過，這樣想的人大概也只能永遠當一個觀眾，對於「導」與「演」生活這齣戲，恐怕是無緣享受其中的樂趣了。**我常常思考，開展自己的廚房劇場，除了享受「忙」的樂在其中之外，還有什麼特別的價值呢？應該是「創作感」吧！**——這是人的原始需求，當我們心裡充滿了不同的經驗和情感，創作的滿足便使得狹窄的生活有了延伸的各種可能。

## 從實務中生出領悟

我認為廚房最符合浪漫想法、也是最富有詩意與充滿幻想的部分，就是它允許所有的創作發生——只要你有足夠的行動力並願意集想像、經驗於一處。對我來說，廚房的浪漫也在於它的文學性，我的生活領悟經常源生於廚事的點醒。現代人的生活，過程被商業縮簡了，情感也被商業擴大了，生活的肌理與紋路因為沒有活動真正的細節，其實是平板的。文學原是為

生活服務的，也只有在大量的生活實務經驗之中，文學家才能淬鍊出安撫人心的作品。

記得有一次，我跟先生在一家餐廳點了一條活比目魚兩吃，兩種味道都調理得很好，但食材的切法卻有問題，因此那餐吃得很辛苦，時時怕被刺著，原本的享受變成了如履薄冰的戒慎恐懼。鰈形魚類的比目魚，兩眼都在身體的左側，它的肉只集中在圓形魚身扁平的一側，因此較細心的廚師會從中骨片下魚肉再切塊，這樣可以把肉與骨兩半分開，以不同的方式調理，既享受肉的細美，也享受細啃魚骨的樂趣。

那天廚師在處理這條魚的時候是直剁成塊，等於每一塊都既帶骨又帶刺，魚肉因是裹粉而炸再淋醬，我們憑肉眼無法判斷出哪裡有骨或有刺，吃的時候非常麻煩。不過，那一餐給了我一點重要的領悟：我們的生活也常常如此，有時候是不知避開麻煩而誤蹈繁複，這還情有可原；但似乎有更多時候，是我們怕麻煩，而不願意在先前做好足夠的準備，於是得付出品質

的代價。我從此面對食材，就更用心思索「值不值得偷懶」的選擇。

## 讓好習慣經營出真浪漫

要正視廚房的現實而經營出生活的浪漫，最重要的就是建立良好的「工作習慣」。這裡所說的工作習慣，不只是每一章我所提醒的烹飪步驟，更包含了清潔的思考。

**廚房的清潔有其邏輯性，願意在事後大清大洗固然是一種決心，但避開不必要的工作拖累則是生活的智慧。**例如移動湯湯水水的工具時，是否能養成拿一只小盤接應的習慣？又例如總會濕或髒的手，能不能不要往身上的圍裙抹，另外準備一條擦手巾掛在腰處或口袋？一塊布總是比一條圍裙容易清洗。

大概沒有人精確計算過不注意這些工作細節所造成的時間浪費，但我所看到在廚房團團轉的人，並不是因為廚藝不熟，而是忽略這些必要的小節而麻煩了自己。

---

`TIPS`

### 廚房清整大原則

● 採購回來的東西，能處理的先處理。
● 處理食材的順序：水果、蔬菜、豆製品、魚肉，這不只是效率的問題，更重要的是衛生的兼顧。
● 處理食材前，如果水槽內有堆積未洗的器物，先洗起來，絕不要讓任何不需要的東西妨礙你的工作動線。
● 洗碗盤或器物前先估量一下，要不要先堆疊同類型或小件的物品，從大的洗起；這不只是空間的問題，也會讓你比較有成就感，對工作中的自己是一份重要的鼓舞。

我有一位親戚很可愛，她很愛做菜，也做了將近四十年，一天突然在深夜打電話問我：「我先生問，為什麼我做完一餐飯，整個廚房就像打過一場仗那麼亂？」我聽完大笑，想著唯一的原因就是，她確實是以打一場仗的豪邁去進行那水裡來、火裡去的烹調活動。但，廚房盡可以是浪漫的，只要我們建立更好的小習慣、拿掉不必要的大舞弄；它可以把現實生活的精美，猶如劇場一般地表達出來。

---

TIPS

## 廚房清整小提點

● 除了鍋面之外，鍋底與鍋邊要記得清理乾淨，否則下一次烹調時，一接觸火就等於直燒，會先引起油煙。
● 削刀、洗菜籃記得用刷子或牙刷清理。
● 落水頭與下水道要定期清理。
● 細砂紙可以用來刷掉菜瓜布無法去除的焦垢，對不銹鋼或陶瓷水槽的清潔維護很有幫助。
● 抹布最好每晚在結束廚房的清潔之後都泡洗起來，以免經夜引來不必要的蟲噬。我有燙抹布的習慣，這使得抹布更耐用，也更有質感。（你可以參考我的部落格影片：www.wretch.cc/blog/bubutsai/11739632）
● 整放餐具時，該大小堆疊的不要介意一下下拿取上的不方便，長時間來看，在有限的空間中，還是應該這樣處理才好。我有兩千多件餐具，雖然有五大個落地餐櫃，還是不能不堆疊，但因為有系統，也並不亂。至於小空間，食器則應該同類直放而不是橫放擺著好看。
● 要記得電子鍋蓋的清理。
● 別忘了烘碗機與微波爐要定時清潔，烘碗機的水盤很容易長菌，最好每天清洗。
● 洗碗機加醋可以更乾淨、除臭味。
● 餐具的收整可用分格盒。
● 藥用酒精可以除腥臭。

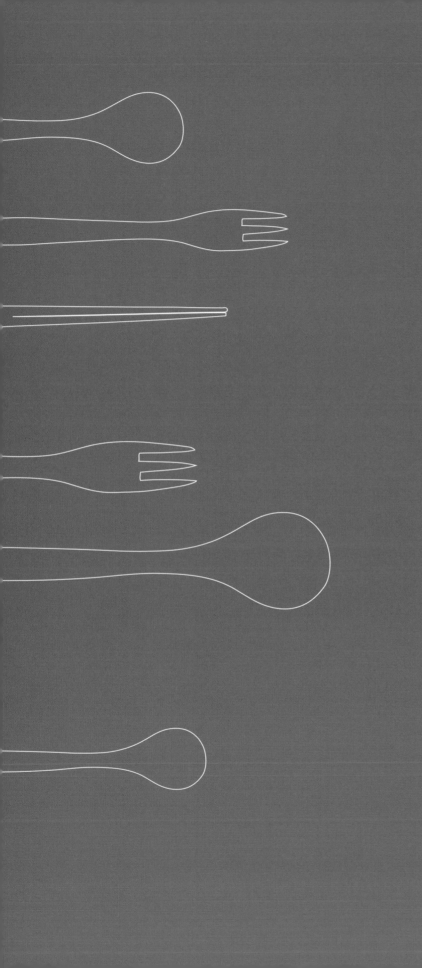

# *Practice* 實作篇 ——————

通過概念的分享之後，我想回到學習得遵循的方法：了解工法、安排工序。我以八種日常食材來分類這些食譜的練習，希望有助於你廚房中的演出。

生活全是腳踏實地的事，談生活就不應該離開實作練習；在我們做得熟而生巧之時，創作與快樂自然會出現。

我很喜歡梵谷寫給弟弟提奧的家書，他一直如此努力，是因為他熱愛生活——不是只用感情在愛，而是用一次又一次的嘗試來表達。所以，在一封信中，他對於自己終有一天定能創作出傑作有著這樣的傾訴：「我努力寫生，這就是我能夠想像我的創作可能會到來的理由。可是要說明習作在哪裡結束，創作從哪裡開始，是不容易的。」

對於作菜，我的理解跟梵谷對自己的畫是全然同感的；或說得更真切一點，不只是作菜，我相信生活中所有的創作，都得脫胎於用心的習作。

# 主食
Main Food

這裡所要談的主食，以一般家庭常吃的為主，最重要的當然是米食，其次是麵食，也談一點馬鈴薯，這樣大概已足夠家常與宴客所需的考慮。

雖說是主食，但在飲食習慣大有改變的今天，主食在一餐中的配置常常不再佔有很重要的比例，尤其是常常擔心體重的女性，有些人甚至刻意遠離澱粉食物，但這種營養觀念其實並不正確。

不同國家的人習慣的主食不同，本來都與物產有關，自從貿易改變了物流，飲食的結構不再受限於一地的物產，但日常對於營養的了解還是該有基本的認識。

我曾見過一位青少女在醫師的建議下進行減肥，只吃蛋白質、脂肪，醫師要她完全不能碰碳水化合物。有一次我們一起外出辦活動，大家晨起都吃得清淡，只有這個孩子的桌上放著民宿主人特地張羅來的兩隻炸雞腿。無論這種減肥法的正確性是否經得起醫學上的檢視，我覺得光以一個人的味覺來說，就違反了自然，好替她覺得委屈。碳水化合物很重要，在不同食材中變換主食的攝取，會使你餐桌上的營養更均衡。

# 飯與粥

不同的米需要的水量會有差別，但只要掌握基本的米水比例，
煮出來的飯就不會失敗。而透明與黏性，則是一鍋好粥必不可少的條件。

「煮飯」聽起來很簡單，直到我真正有機會與年輕人一起工作的時候才發現，過去八歲的孩子會做的事，今天二、三十歲的成人雖然也可以借助電器的幫忙來完成，但觀念卻是模糊的。理由很簡單，現代人是以電鍋一次到位地學會了「生米成炊」的結果，不必經歷失敗，反而因此失去了從修正中了解原理的機會。

在這一則食譜中，我希望以「飯與粥」這兩樣材料相同、也是最日常的主食，來分享烹飪的基本觀念。

## 白飯

每一種米需要的水量都有些微的差別，即使是同樣的米，但用不同的炊具來煮，就有一點不同（例如最常用的電鍋與電子鍋），所以你應該注意兩件事：

- 看清米包裝上用水量與浸泡時間的建議。
- 有外鍋的炊具，先了解鍋具的建議用水量。外鍋的用水量代表著加熱時間的長短。

雖然不同的米需要的水量會有差別，但一般米飯的米水比例可以歸納在「一杯米：一杯水」的參考值之下來烹煮。所以，如果你的包裝丟掉了，量杯也不見了，都不是大事，隨便拿個容器，只要保持米與水等量來煮，就不會失敗。

一份白米煮熟後約可分成三份白飯，例如米是一鍋（或碗），飯就是三鍋（或碗），米與飯在份量上的變化比例約為1：2.5～1：3。

# 白粥

煮粥有兩個值得注意的地方：

● 水量要一次加足。

● 除了滾起前要好好推一下鍋底，以
  免米粒燒黏之外，接下來滾煮的過
  程中千萬不要不停地攪動，以免粥
  煮出來的稠度不夠好。

請維持著湯汁不要滾出鍋外的火力繼
續加熱，粥煮得夠透時，看起來會有
一種晶瑩剔透的感覺，再繼續加熱，
當然就會蒸散更多水分而使粥變濃。
粥底要厚、要薄，可以隨喜，但透明與黏性是一鍋好粥必不可少的
條件。

當煮粥的水滾起後，米開始吸收大量的水與熱量進行澱粉的糊化，
這時攪動是一種降溫與破壞，會使粥不夠黏稠。我小時候曾聽奶奶
用河洛話說：「糜一定要黏濁。」粥的黏濁是溫度與水分所產生的
自然口感，與勾芡或添加糯米不同。我有一位親戚很可愛，她不知
道這個道理，每次都把粥攪得稀爛再調太白粉勾芡，為此常挨婆婆
罵。我覺得她婆婆倒不是氣她不能把一鍋粥煮好，而是氣她的不求
甚解，所以同樣的錯老是反覆，不能轉成可喜的熟練；但也可能是
她無處求解。過去的婦女因為很珍惜物質，必須要有理家的精明，
所以在奉行不可錯誤的告誡中謹慎練習，留下薪傳、化為技藝。

## 作法

1碗米配7~9倍的水量，煮熟後可得6~8碗濃稠度不同的粥，濃稠度會
因為你所使用的鍋具而稍有不同（因為水分的蒸發量不同）。

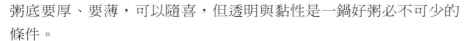

**一點小叮嚀** 鍋蓋不要完全蓋緊，以火的大小來決定你掀開的出口，讓鍋裡
的粥維持在中滾的狀態（如果你對中滾有疑惑，請參考〈概念篇〉53頁）。

*Enhancing Skills*

## 讓表演更出色

粥有種種搭檔可以配戲，而我
有一個小建議：請注意角色的
裝扮要協調整道菜的背景。比
如說，地瓜粥是鄉下的家常主
食，地瓜的切法就不要太工整
細緻。傳統的作法並不是用切
而是用砍的。我小時候常看到
婦女坐在小木凳上斬藤生的豬
菜，她們手拿一種小彎刀，因
為剛好要煮飯或煮粥了，就順
便削幾個曲曲扭扭、不成材的
番薯下鍋。拿起來修整一下醜
臭的地方，隨手砍成小塊，這
就是鄉下的家常，不會為了它
再去墊砧板拿菜刀，切成細細
的丁。

若你很難掌握這種切法，至少
滾刀塊會比切得正正方方的來
得好。鄉下菜當然可以擺在現
代化的精細餐具中與時俱進，
但它屬於生活的內蘊與故事，
應該被保留下來才會更好！

# 樂活雜糧3式

糙米飯 / 燕麥粥 / 玉米碎

我贊成所有健康的飲食主張，但飲食的美味與樂趣也不該因而被剝削。
只要用點巧思，雜糧粗食也能有模有樣地登上餐桌，兼顧口感與養生。

我的父母親是在二戰期間度過成長的階段，他們對於米飯與雜糧的
印象，伴隨著物質受限的生活環境而有著不同的回憶。我很喜歡聽
父母訴說那段歲月人們對於糧食的想法，每次都提醒我「珍惜」的
重要。

今天，雜糧、粗食已不是一個貧困的選擇，它以保健或美容時尚的
姿態，再一次親近了我們的飲食生活；人們改變了對雜糧的印象，
使它不斷有機會融入日常的主食。

我贊成所有健康的飲食主張，但反對只為了健康而剝削飲食應該保
有的美味與樂趣。人只有在非常不得已的情狀下，才會願意去吃自
己覺得不夠好吃的食物，而不好吃就不能長久執行；因此，我建議
從幾道好吃的粗食開始嚐試，讓雜糧有模有樣地登上餐桌。

## 糙米飯

為了健康的理由，近年來很多人喜歡吃糙米飯，收穫的稻穀只脫去
穀後的糙米，纖維與維生素要比白米豐富。碾去米糠層及胚芽而只
剩胚乳的白米飯，因為少了殼與胚芽，咬起來比較單純細緻，但也
有很多人喜歡糙米帶點硬地的口感。我們家常用糙米煮飯或煮粥，
而現在出廠的糙米品牌很多，很難建議你要不要泡水，所以只要看
清楚包裝上的說明就能應付自如。如果是在米糧店買的話，可以請
教老闆要泡多久的水、以多少水量來配煮最合適。

請注意：**浸泡前就要把米先洗好、量好需要的水量再計時，而不是
泡水過後瀝乾再重新量水量。**有很多新手因為這個程序不對而把飯
煮得一塌糊塗（水多難免就糊），進不能煮成夠黏稠的稀飯，退不
能回到夠嚼勁的乾飯，真是好尷尬。

## 燕麥粥

大燕麥粥煮一下，會比用沖泡的好吃。我常用**1份燕麥加3份水**的比例，把燕麥滾煮**3分鐘**再放**10分鐘**，無論用來配小菜或加糖、葡萄乾都好吃。若要吃甜的，可以用部分的牛奶代替水量。

## 玉米碎

玉米碎Polenta是我們家孩子最愛的雜糧。Polenta是曬乾的玉米碾成的細粒，有黃、白兩種，通常依不同地區的習慣煮成單純或濃厚的味道、軟硬不同的狀態。在義大利，Polenta原本是窮人的主食，後來吃麵包的人家發現這種沒有經過發酵的主食對健康更有益，於是慢慢成為餐桌上的常客。

如果用**1杯玉米碎與3份水**同煮（水可以有部分用牛奶取代），它就**會凝結成塊**。這樣的Polenta切塊後可以用奶油煎得香香的，外型就像我在上方的照片中所示範。

另一種吃法則是做成更軟的泥，水量約要用到**1：5**，奶油可以直接添加在其中。Polenta調不調味都可以，通常以搭配的食物來決定。

煮 蒸 炒 煎 炸 烤

# 調味飯3式

牛舌飯 / 臘腸煲飯 / 蔥油拌飯

現代人必須隨環境改變烹調法，基本的美食卻不必因為無法起炭火而拋棄；
用電鍋或電子鍋煮的調味飯，就是模擬廣東煲仔飯與日本釜飯的美味演出。

廣東人喜歡的煲仔飯與日本的釜飯是異曲同工；異的是調味的一濃
一淡，同的是早年都以炭火慢慢燜煮。

現代人雖然必須隨環境改變烹調法，但基本的美食卻不必因爲無法
起炭火而拋棄，所以用電鍋或電子鍋煮的調味飯，就是模擬這種食
物的演出。用的如果是臘腸或肝腸，自然很「廣東」，茶餐廳的招
牌飯可以隨時出現在自家食堂呢！

## 牛舌飯

冬天的時候，我經常在家裡的廚房掛有煙燻牛舌，但如果一打開，
就立刻切成數段，以一餐需要的量來分包，凍在冰箱裡保存。要煮
牛舌飯的時候，只要拿出一塊來細切成薄片，再與洗好的生米同拌
一下，放在電子鍋或土鍋中煮就可以了。一條牛舌有較寬的舌根與
細長的舌尖，要切成等分的時候，應以重量而非長度來考慮。

### 🥄 作法

無論放臘腸或牛舌，煮調味飯時還是用1：1的米與水量，放在爐火
上煮7分鐘，熄火後燜15分鐘，期間都不要開蓋子，只要起鍋時好
好拌一下、讓油氣均勻就好。這種煙燻牛舌的吃法，跟先蒸過再與
蒜苗同炒一樣好吃，但處理的方法更輕便。同樣的作法，當然也可
以用電鍋來做。

## 臘腸煲飯

照片裡的臘腸飯，是整條同煮後再切。如果先切片才下鍋煮，腸衣會因驟縮而扭曲，好處則是，形雖不美但味道比較深入白飯之中。

## 蔥油拌飯

除了可以很簡單地煮出調味飯之外，如果家裡有一鍋白飯，冰箱又有市售的蔥油醬，只要以1/3湯匙的醬油、1/2湯匙的蔥油醬加上少許的白胡椒動手拌一下，馬上就有一道飲食文字中時常被提到的懷舊料理可吃。

# 馬鈴薯泥

如果希望搗出來的馬鈴薯泥非常細滑，非得過篩網不可；
再以奶油或鮮奶油為伴，不只增加風味，還因為有脂肪而使口感更柔滑。

馬鈴薯泥可以做得很家常，也可以很高級、很餐廳化，其中的關鍵
除了馬鈴薯的品種好不好之外，更重要的是工序與材料的搭檔。幾
件值得你注意的事情是──

買馬鈴薯的時候，從外表來看，顏色偏乳黃會比偏灰白的好很多，
表面光滑的比粗糙的好，通常這樣的馬鈴薯，皮也會薄很多、個頭
比較小。

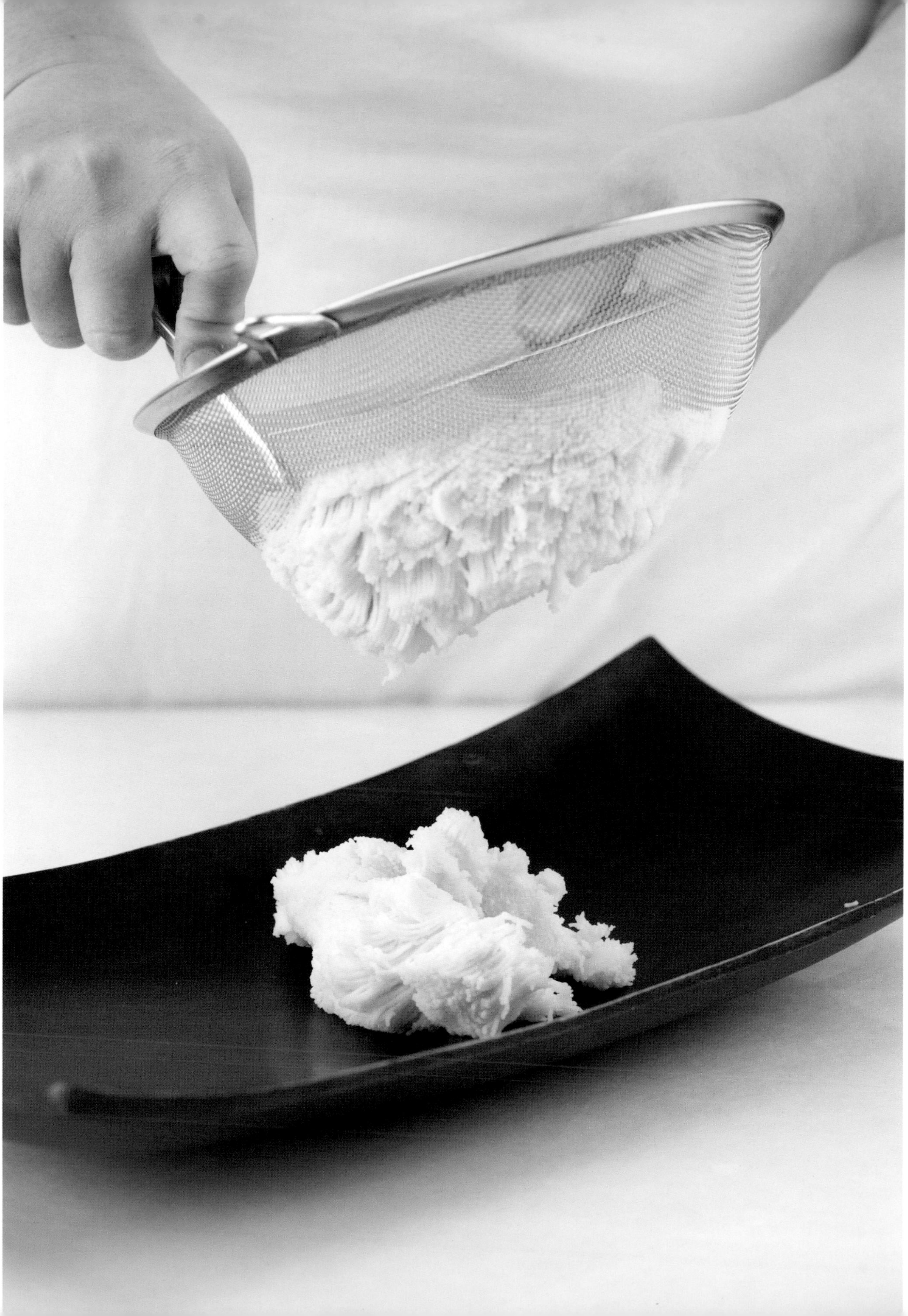

因為要搗成泥，所以馬鈴薯切大或切小，影響的只是熟成的時間。煮熟後的馬鈴薯如果只用壓泥器處理，當然就或粗或細，若想要它非常細滑，非得過篩網不可。

達到質地細緻的目標之後，接下來是找伙伴。奶油與鮮奶油都不只能增加風味，還因為成分中有脂肪，而使口感更柔順（就像芋泥加豬油一樣），你可以根據自己的口味與需要，兩樣都添加，或只用鮮奶與奶油。

如果要讓這一餐的薯泥更上層樓，請用電動攪拌器打一下，這個瞬間的攪動，會把空氣送進薯泥中，使它吃起來更有鬆軟的口感。可以接受厚重口味的人，用鹽與糖調味時再磨一點蒜泥進去。

Basic Recipe

**材料**

馬鈴薯（每3人份約2顆，男生則每人約需1顆。但實際要準備多少，請根據主食的總量來考慮）

奶油、鮮奶油（建議每2顆馬鈴薯用1大匙奶油與2大匙鮮奶油，但怕胖的人請減量）

鹽、糖（份量請以主菜為考慮，有肉汁時就盡量讓肉汁給味，薯泥味道若太足，肉汁就英雄無用武之地）

## 作法

1　馬鈴薯削皮、挖去芽眼坑洞之後切成片，用大約為馬鈴薯體積一半的水量煮到完全軟爛，此時水也大致收乾，免去你要瀝乾的手續。蒸當然也可以，但不見得更快。

2　煮熟的馬鈴薯先壓碎後過篩。

3　加入鹽、糖與奶油、鮮奶油。因為溫度都還是足夠的，奶油很快就會化掉，如果希望再加溫，請注意火的大小。

4　打入空氣或擠花烤一烤，都是你可以考慮的變化型作法。

# 明太子焗飯

明太子以狹鱈的卵巢醃製而成,是味道很有層次與變化的食材。
台灣人原就是烏魚子的愛好者,對這種濃厚的海味運用起來更是得心應手。

隨著日本餐食的引進,明太子已經成為台灣常見的食材之一。義大利餐廳有明太子義大利麵,麵包店也供應起抹上明太子醬再烤香的法國麵包。

狹鱈產在九州,那一帶的人稱這種鱈魚為「明太」,所以「明太子」就是「鱈魚子」的地方稱名,原本多以辣醬醃製。去過福岡的人都知道,無論機場或車站,包裝成大大小小禮盒、辣與不辣的明太子是最能代表福岡的名物。

明太子鮮而不腥,很受歡迎,加不加熱都能呈現很好的風味,是味道很有層次與變化的一種食材。台灣人喜歡明太子是想當然爾,因為我們原就是烏魚子的愛好者,對於這種濃厚的海味早有追尋與研究,運用起來也就更得心應手。

Basic Recipe

## 材料

白飯八分滿1碗
明太子1條
低筋麵粉2茶匙
水250CC（約1碗）
高麗菜粗絲1大碗
洋蔥絲1/8個
蔥少許
乳酪絲（半碗用於煮,另一些加在表面焗,若表層不再加也可以）

## 作法

1 把麵粉、剝膜後的明太子與水調勻待用（膜可以切碎加入）。

2 高麗菜與洋蔥切絲後炒至軟香,加上蔥再和入飯拌勻。

3 加入1與乳酪絲,繼續加熱使之完全融化。

4 把飯移到小烤盤中,加上另一些乳酪絲,送進烤箱烤到表面變色出香。如果沒有烤箱,可蒸一下或稍微波。

# 乾拌光麵

在家裡準備一些中式麵條凍起來,想吃的時候,放入滾水煮2分鐘起鍋,
再以醬油、蔥油肉燥、柴魚粉、白胡椒為著料,就可以吃一碗現煮麵。

*Basic Recipe*

**拌麵醬**

統一肉燥1/2湯匙
醬油2/3湯匙
煮麵的開水2湯匙
醋1/4湯匙(不喜歡酸味的人可以
省略,但加點醋有助消化)
胡椒1小撮
柴魚粉少許

除了米飯的應用,多數人也喜歡吃麵。傳統市場有非常新鮮的粗細
麵條可買,而且有些攤位是現做現賣,我最愛在店頭看老闆快樂工
作的神情與那如細雪飄撒的場地,他們的工作桌,真的就是「白案
子」。

以前讀過許多前輩寫食物的文章用到這三個字,案者桌也,「白案
子」雖然不是台灣慣用的辭彙,但要了解意義也不難;不過,真的
得在親眼看到那白粉紛飛,師傅一刻不停地和麵扯線中,才知道中
國北方用「白案子」來做為這個行業的代表有多傳神。

我們家總是準備一些中式麵條凍起來,也就是外面稱為陽春麵或清
湯掛麵的「光麵」。作法很簡單,只要在等著煮開水下麵之間,用
一只大碗舀上醬油、蔥油肉燥、一點柴魚粉、一點白胡椒做為著
料,等冷凍麵條煮2分鐘就可起鍋,如果有蔥或香菜,一加就是一
碗現煮麵。當然,家裡若剛好有一些上料可加,這樣快速煮成的麵
也就可比飯店要價不低的輕食了。

## 作法

水滾後,下麵煮2分鐘即可起鍋和醬,然後加入其他食材。喜歡吃
辣的人也可以加些辣椒醬。

*Other Variations*

### 另一種變化

想吃湯麵的時候,作法與乾麵相同,只要調味時再多加上一點鹽或醬油。
有些人覺得煮麵的水助消化,喜歡直接淋上煮麵的熱湯,但因為其中已溶
有撒在麵上隔離麵條的粉,熱水會變濁,尤其如果連下幾次,湯就像勾過
芡一樣。這時除了繼續下麵時要加水或換水,麵湯也應考慮用其他的熱水
或高湯外加。

煮 蒸 炒 煎 炸 烤

# 鮮菇麵線盅

我很愛麵線，更愛清清淡淡吃麵線的感覺。這道麵線盅，
結合兩樣簡單的台灣料理，改用一人份上桌，也轉換一下生活的情調。

麵線的吃法不少，最常吃到的是拌了很重的動物油脂，香是香，但
有時一餐中同時攝取太多的脂肪就會覺得負擔。

我很愛麵線，更愛清清淡淡吃麵線的感覺。日本有一種紫蘇麵線不
只味道很香，顏色更是討人喜歡，如果入夜想要吃點點心，又不想

讓腸胃負擔，煮一碗紫蘇麵線就是我們家最好的選擇。

我從煮紫蘇麵線中想到，在台灣有各種各樣的好麵線，為什麼不以小份量來上桌，老是大家拉拉扯扯地分食一盤。這道麵線盅就是把我喜歡也很簡單的兩樣台灣料理合在一起，改用一人份上桌，希望轉換一下生活的情調。

Basic Recipe

## 材料（2人份）

麵線1小束
杏鮑菇3大條
霜降肉或梅花肉薄片1~2兩
（不喜歡肉也可以不放）
薑1小塊
麻油1大匙
米酒1碗
水1 碗

## 🥄 作法

1 薑與豬肉切成薄片，杏鮑菇切成滾刀塊。

2 麵線燙好後，用叉子與湯匙捲成螺旋狀放入餐具中。

3 用麻油把杏鮑菇與薑片同鍋煎香。

4 加入米酒與水各半或只用全酒。

5 湯滾起後，分次加入豬肉薄片，一熟就起鍋。

6 把杏鮑菇與肉先夾起擺放在裝有麵線的餐具中，讓湯再滾一次然後倒入麵線，即可上桌。

---

**一點小叮嚀** 通常麻油酒料理除了一點點糖之外都不加鹹味，因為怕扞格了原汁的美味，但你可以依自己的喜好加一點點鹽。杏鮑菇有甜味，在嚐過湯汁之前請先不要貿然加糖。

# 經典義大利麵4式

### 青醬義大利麵 / 蛋黃培根細麵 / 白酒蛤蜊麵 / 番茄肉醬義大利麵

義大利麵同樣禁不起煮熟後的擱置，最好麵一撈起就能接續著炒或拌的操作。
如果這一時對你太困難，把麵燙煮後先沖洗或拌油，
再準備下一個程序，做過幾次自然就熟能生巧。

同時可以用來做早餐穀物片與布丁的杜蘭小麥粉是義大利麵的主要
材料。這種高筋粉蛋白質含量很高、韌度很好，再加上適合不同的
調理所產生的味覺變化，因此造就了義大利麵受人喜愛的特質。

仔細觀察台灣義大利麵的接受與發展，不難發現這義國料理的播種
者並非義大利本國，而是早期經過日本的仲介所得到的結果。我說
的並不是日據時代，而是大約從一九八○年開始，日骨洋風的餐飲
開始流行於台灣，因而帶起的義大利麵風潮，其實是一種變形的、
改良的料理。

這個情況一直到近十年有了改變，一些更加貼近歐洲生活風格的義
大利麵慢慢出現了，但有些混血過後的料理已深受喜歡，大概是不
會改變、也不需要改變了。這正象徵著飲食文化維護不易，文字記
載遠遠比不上生活實務的傳承或變遷。

我們總說要吃地道的料理就要去當國，但反過來說卻不一定成立。
記得有一年，我與哥哥剛好同一時期都在歐洲，我們約好一個星期
日在米蘭相見。午餐時間，就近取便，我們在米蘭大教堂前的露天
座上點了午餐，那麵真的難以形容。哥哥年輕時就是個驛馬星動的
人，又是個十足的美食者，他翻著盤中的麵，下了一個很好笑的結
語說：「把義大利麵煮成這個樣，難怪羅馬會亡國。」

在義大利遇到這種事，正好證明了一個重點：材料只是基本好的開
始，烹調的技術、享食的時間、人與環境都協調上了，才是美好一
餐條件的具足。

## 義大利麵的煮法

多數的麵食都禁不起煮熟後的擱置，義大利麵當然也一樣，煮好馬上吃，千萬別遲疑。

### 作法

1 每人份的麵量請以50~80克爲參考（根據女生與男生或食量大小的差別來調整）。

2 煮麵的水要多，下的麵量要少，讓溫度有持續的理想供應。

3 最好的狀況當然是你能安排好工作順序又不感覺緊張，麵一撈起就能接續著炒或拌的操作。如果這一時對你來說太困難，就請先採用左頁照片中的方法：把麵燙煮後，先沖洗或拌油，再準備下一個程序。這是因爲多數人無法很順暢地連續操作，當然也因爲家庭設備有限，如果要煮好幾份，水都煮濃了，洗一下有利於麵的爽口。做過幾次自然就熟能生巧，有機會請再試試一氣呵成的方法。

4 很多人炒義大利麵時的問題是水不夠，因此，有些鍋邊的麵就類似於「煎」的熱處理，難免乾硬。濕度很重要，必要時加一點水來緩衝你所需要的時間。無論中式麵或義大利麵，其實說「炒」不如說「燴」來得易懂。這也是一氣呵成的優勢，麵立刻從煮鍋入炒鍋，不只夾帶著足夠的水氣，溫度也未退卻，進一步調味所需要的時間自然就短，而時間短就更能使成品保持濕度，這是一整個優質的循環。

5 各種麵用水滾煮的建議時間如下——

　筆尖麵（Pennoni）：約**7**分鐘
　天使麵（Capellini）：約**1~2**分鐘
　繩子義大利麵（Spaghetti）：約**7**分鐘

*Other Variations*

### 另一種變化

冷麵是把義大利麵沙拉化的料理，但並不是每一種義大利麵都合適冷食。雖然通心麵、蝴蝶麵拌蛋黃醬已是流行久遠的食譜，但真的要做成有濕度的冷麵，還是天使細麵好。冷麵沒有第二次受熱的機會，因此要一次到達熟透程度；而醬汁是冷麵的靈魂，有好的醬汁，冷麵才會生動。

**材料（1人份）**

天使麵60克
蒜頭2~3顆
羅勒1小把
橄欖油1/2大匙
黑胡椒
鹽

## 青醬義大利麵

「青醬」是Pesto中文翻譯後的通稱，可以複雜細緻到有松子、乳酪等材料，但一般歐洲家常的麵點，青醬只是以新鮮蒜頭、羅勒爲底的調味。這道麵點是最簡單卻並非沒有滋味的，請試試看。

### 作法

1 在鍋中以橄欖油炒香蒜片與剁碎的羅勒。

2 放入煮好的麵，不要乾炒，適時加一點水，你的麵要隨時看起來都是晶瑩剔透的，不是乾硬的。

3 以鹽調味後立刻起鍋盛盤，可以加黑胡椒或帕瑪森乳酪。

# 蛋黃培根細麵

## 🥄作法

1 把麵煮熟待用。

2 把蛋黃、鮮奶油、乳酪與一點鹽放入一個可攪拌的大碗或盆中。

3 在鍋中放入切好的培根，因為培根有油，請不要再加油，稍炒後放入麵與1匙水，一起炒到非常熱。

4 把炒好的麵倒入盆中拌勻，利用麵的熱度，使蛋黃醬達到應有的溫度。

## 材料（1人份）

天使麵60克

蛋黃1顆（請一定要用非常新鮮的蛋來做，新鮮的蛋黃是挺立的。有些蛋黃很紅，這是雞飼料添加物所導致，太像胡蘿蔔的橘紅，做出的食物反倒不自然，不必特地買那樣的蛋）

動物鮮奶油60克

帕瑪森乳酪尖尖1大匙（可以塊研磨成粉或買現成的乾酪粉）

培根1~2條（視你自己對肉量的要求）

鹽

黑胡椒

## 另一種變化

這道麵也適合用扁麵來做。這裡提供另一種變化型給大家參考，同時加上現在超商都可以買到的溫泉蛋。

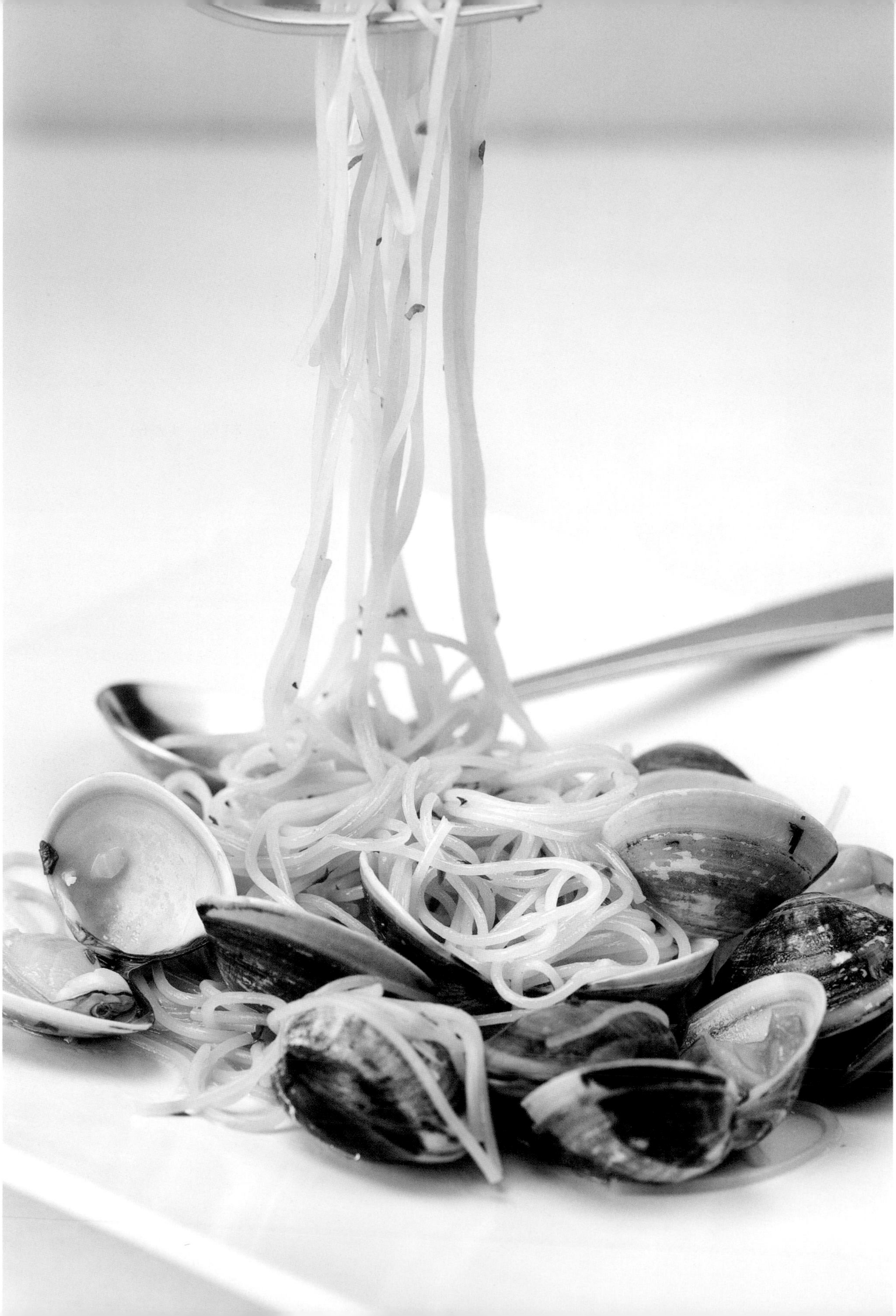

# 白酒蛤蜊麵

## 🍴 作法

1　蒜頭與巴西里剁碎，麵煮熟待用。

2　在鍋中用1/2大匙的橄欖油把蒜頭與巴西里稍炒之後，放入白酒與蛤蜊，然後蓋上鍋蓋。

3　看到頭幾個蛤蜊打開後，就把麵放下鍋，拌炒一下。在等著其他蛤蜊打開的時間，麵除了進行第二次加熱之外，也在吸收白酒和蛤蜊的香與鮮（時間上不會超過2~3分鐘，可以再蓋一下蓋子，但根據你眼前的現況調整）。

4　翻炒時，加上一點鹽調味，別忘了蛤蜊也有自己的鹹味，上桌時加一點黑胡椒。

## 材料（1人份）

天使麵60克

白酒50CC（請不要選擇偏甜的）

蛤蜊約10~15顆

蒜頭2大顆

新鮮巴西里1小球

橄欖油

鹽

黑胡椒

## 另一種變化

這裡的另一張照片想提醒你：沒有義大利麵時，白酒蛤蜊就已經是一道很好的菜，用來配法國麵包特別好吃。作法就是下麵之前約3～4分鐘的程序。

**食材小常識**　巴西里（Parsley）雖是西式的香料植物，但在台灣其實不難買，只因為多是餐廳用來當擺飾，賣家庭用菜的攤上反而不曾見過。要買巴西里得問有批菜賣給餐廳的老闆，它們通常被放在庫存的冰箱中保鮮。切成細末用在餐點上你也許認不得它，但在台灣它有個最經典的裝飾法，伙伴是一朵深紫的石斛蘭。巴西里的味道很不錯，對於西式料理來說，無論久煮或上盤時的新鮮用法，都有其重要性。

# 番茄肉醬義大利麵

## 作法

### 肉醬的部分

1 番茄洗淨切成小丁，洋蔥切成小丁，蒜頭切末。

2 洋蔥、蒜末放入鍋中炒後，加入絞肉炒香，再加番茄丁拌炒。

3 加入義大利番茄醬、月桂葉、香料粉與水，用中小火滾煮約50分鐘左右，加鹽與糖調味。

### 麵的部分

1 先把麵煮好撈起，淋上少許橄欖油或沖水。

2 將預先煮好的筆尖麵放入鍋中，加入番茄肉醬拌勻煮熱即可。

───

**一點小叮嚀** 燉煮肉醬時，如果買得到巴西里，也可以切碎了放一點進來，讓肉醬的調味更穩、更平衡。同樣的，除了直接把麵和肉醬放入鍋中拌勻，若想使這道麵的味道更有層次與香氣，可以先炒一點巴西里和蒜片來加強香氣，製造類似爆香的效果。雖然巴西里和蒜片是肉醬裡原有的材料，但經過近一小時的燉煮味已經轉化成另一種味道層，可以再藉此作為補強。

*Basic Recipe*

**材料**（約4人份）

筆尖麵240克

新鮮番茄2顆

洋蔥半顆

蒜頭2顆

牛絞肉或豬絞肉350克（也可各一半）

義大利番茄醬1碗

月桂葉適量

義大利香料粉少許

水500CC

鹽

糖

*Other Variations*

### 另一種變化

照片中的變化型作法，是番茄肉醬麵加上一隻大泰國蝦。有一次在華盛頓DC吃到一道非常好的龍蝦燴義大利麵，念念難忘。不一定要用波士頓龍蝦，用泰國蝦也很好，蝦的處理方法請參考〈海鮮〉236頁。

# 橄欖佛卡夏

佛卡夏不只好吃，在麵包的製作上來說，它需要的工具最簡單，力氣也用得少。
只要你願意供應時間讓麵團慢慢發酵，它就會回報嚼勁十足的質地給你。

我非常喜歡佛卡夏麵包，
因為它濕度夠，很適合當
主餐的麵包，即使隔餐，
只要再熱一下也很好吃，
老化的問題比較不嚴重。

連續幾年去威尼斯，最記
得的就是堆放在玻璃櫃中
的綠橄欖佛卡夏。早上出
門的時候，寬櫃裡層層疊
疊，一大片、一大片的麵
包往上堆，橫切面布著橄
欖片，好有生活感。一種
單樣的食物卻擁有這樣的
數量，我感覺到了麵包與
主食的關係。

佛卡夏麵包並沒有很難的
工法與複雜的工序，只是在做與烤之間的發酵時間長；但它也並不
考驗製作者的耐心，因為在等待當中並不需要照顧些什麼。

我選擇佛卡夏做為烤麵包的動詞介紹，不只因為它真的好吃，還因
為在麵包的製作上來說，它需要的工具最簡單，力氣也用得少。只
要你願意供應時間讓麵團慢慢發酵，它就會回報嚼勁十足的質地給
你，要說慢活，我想這就是個很好的例子了。

## 材料（麵包完成尺寸約21×30公分）

高筋麵粉5又1/2杯（約600克）

冷水2又1/2杯（約550克）

白糖2大匙又1小匙

鹽1/4小匙

酵母粉7克

橄欖油9大匙

罐頭綠橄欖

粗鹽少許（麵包表面用）

## 器具

大盆2個

烤箱

烤盤

烘焙紙

## 作法

1 準備一個大碗，把麵粉、水、鹽、糖與酵母粉均勻混合。攪拌過後稍等5分鐘，再繼續揉拌那感覺很黏的麵團約3分鐘，一邊揉，一邊轉動你的容器。然後靜置，等麵團脹成兩倍大。

2 在另一個可以容納兩倍麵團的容器中倒入2大匙橄欖油，讓油均勻依附在容器表面，再把麵團移到這個容器中，翻轉麵團。拉開麵團，在麵團中加入已瀝乾並切成薄片的綠橄欖，再回疊，一邊拉一邊加入橄欖片，拉折共做四次。在麵團表面灑上1大匙的油，然後用保潔膜蓋起來，放入冰箱一夜或至少8~10小時。

3 從冰箱拿出麵團，在烤盤上墊好烘焙紙，倒入2大匙的油，然後把麵團移到烤盤。此時麵團仍然很黏，不要擔心它在烤盤上不易整型，就讓它自然流動，因為在進入烤箱前還要再擱3小時（如果天氣很熱，約2小時）。

4 先在麵團上倒入2大匙的油，用手指戳出幾個洞，你會發現此時戳出的洞並不容易固定，但別擔心，油會順勢找到它的去處。20分鐘之後，再倒入2大匙的油，再戳一次洞。這時，麵團已經流動到更大的範圍，千萬別費力去把麵團拉到烤盤邊，這會破壞它

的膨脹結構。完成發酵後、進烤箱前，你自然會看到它是滿到烤盤邊緣的。

5 確定麵團上有一層均勻的油之後，蓋上保潔膜，等待麵團膨脹成原來尺寸的一倍半再進烤箱。膨脹到理想程度所需的時間視天氣的冷暖而有不同，通常在2~3小時之間會完成。

6 在準備要烤麵包的20分鐘前，記得先用240度預熱烤箱。在麵團進烤箱前掀起保潔膜，灑上一些粗鹽，把烤盤放在爐的最下層，但不要貼底，烤箱回轉成220度，烤15分鐘。

7 轉換烤盤的方向，這樣麵包受熱更均勻些，再烤7分鐘，然後檢查是否熟了。檢查的方法很簡單，看看邊緣與底部是否出現漂亮的金黃色，此時，麵包表面應該是非常好看的棕金色，而且非常酥脆。

8 準備好可以拿出麵包待涼的架子，拿出麵包後，如果發現底部有殘存的油，把麵包翻過來，讓它沾在麵包的表面。等20分鐘涼了之後再切，如果要趁熱吃，剪刀會是更理想的工具。

# 蛋
――――
E g g

雞蛋在廚房劇場裡是仙女下凡來，每一位導演都會想要自己手中隨時有這樣的演員：長相好、個性親和、特色又足。很難想像，這個世界如果雞蛋並不普遍，人類烹飪史上的食譜會少掉多少；至少，甜點的演化史就一定要重寫。

有了較好的物流條件之後，採購新鮮的雞蛋已不是問題，但因為大家不再常常下廚，有時候雞蛋反而是壞在自家的冰箱裡。為了保持這位好演員的清譽，我在這一章中分享了早餐、家常菜與點心的實作，除了想回顧雞蛋在我們飲食生活上的諸多貢獻之外，也想幫助那些存放在冰箱裡的雞蛋，有個合適的舞台可以表演。

# 一個蛋的完整用法

### 蛋黃餅 / 蛋白糖

蛋黃餅來自以奶油聞名的法國布列塔尼半島，由於做完總會剩下許多蛋白，
所以，我們通常就在烤餅干的同一天，也做一罐很有淵源的點心——蛋白糖。

布列塔尼半島在法國的北部，她曾經是一個獨立的王國，面英吉利
海峽與比斯開灣，因為此區的奶油很有名，所以這道蛋黃與奶油烤
成的小餅干，就這樣乘著香味的翅膀從半島往外傳。

布列塔尼因為維持著自己獨特的傳統，跟法國有很大的不同，這個
美麗的半島不只是歷史的寶藏，也是飲食的天堂。可麗餅就是來自
此地，它曾經是窮人用以替代麵包的食物。我從一本書中找到了關
於布列塔尼奶油的描寫（一九九六年Kate Whiteman所寫的*Brittany
Gastronomique*）：

Pies noires是一種迷人、黑白相間的乳牛，長著尖尖的角，非常頑
皮；牠產的乳非常濃，而牠的肉也很好吃。通常牠的產乳量只有
Holstein牛種的一半。對遊客來說，pie noire奶油是一大特色，曾
經有個叫Fernand Point的廚師講了一句標語說：「奶油，更多的奶
油，永遠都是奶油。」而布列塔尼的居民則熱情地支持這個論調。
他們絕對有個好理由這樣熱愛奶油，因為那亮麗鮮黃的油與水晶般
晶瑩的海鹽配在一起，真是可口。布列塔尼的廚師總是使用加了鹽
的奶油，即使焙製糕點也不例外，所以他們的糕餅非常獨特美味。

做一份蛋黃奶油餅總會剩下許多蛋白，所以，我們通常就在做蛋黃
餅的同一天，也做一罐蛋白糖。因為工具都是烤箱，所以把兩則食
譜放在一起，做為給你的參考。

蛋白糖（Meringue）是很有淵源的點心，有關於它的傳說非常多，
至今這名稱是來自法國、瑞士或義大利，也無法證實了。但在今
日，它已是很多知名甜點的「一部分」，比如說：和栗子、蛋糕一
起的「蒙白朗」，和水果一起的「帕芙洛娃」。

# 蛋黃餅

## 🥄 作法

1 烤箱預熱180度上下火。

2 奶油切小丁塊，放至常溫下軟化。

3 將低筋麵粉、細白砂糖混合，加入軟化的奶油後用手揉，邊揉邊分次加入6個蛋黃，將所有材料揉勻。

4 麵團可分成36等份。在手上塗抹一些乾麵粉，再將小麵團搓成圓球，放入烤盤中壓平。接著在表面塗一層鮮奶，再塗上最後1個蛋黃打成的蛋黃液。

5 送進烤箱烤約12~15分鐘後，將烤盤往上移至靠近上火，烤至表面呈金黃色（約1~2分鐘左右）即可。

*Basic Recipe*

### 材料

蛋黃7個
（6個和入麵團，1個塗在表層）

低筋麵粉250克

細白砂糖160克

奶油200克

鮮奶20CC

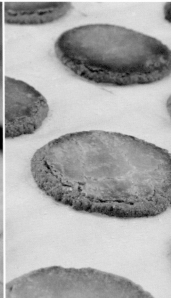

# 蛋白糖

## 🥄作法

1 烤箱預熱100度上下火。

2 將檸檬汁倒入蛋白中，用電動打蛋器從低速打起，再慢慢地加高速度將蛋白打發，同時分次（約3~4次）加入糖粉。一直打發至即使把整個盆子倒過來，蛋白也不會掉下來。

3 用湯匙把蛋白分挖到烤盤上，放入95~100度上下火的烤箱最底層。蛋白糖很容易焦化成金黃色，放在最下層是為了保持雪白的顏色。

4 烤1小時20分鐘，關掉開關後先不要取出，讓蛋白糖在烤箱中烘乾一點會更好吃，等40分鐘後再拿出來待涼即可。

*Enhancing Skills*

### 讓表演更出色

● 打發蛋白常會加入塔塔粉或檸檬汁，因為蛋白是鹼性的物質，而塔塔粉與檸檬汁是酸性物質，加入酸性物質可以幫助蛋白的打發。

● 如果想要做一些像照片中有色彩的蛋白糖，可以添加食材行所賣的「食用色素」，在完成打發後添加，然後攪拌一下就可以了。

*Basic Recipe* 🍴

### 材料

蛋白2顆

糖粉100克

檸檬汁或塔塔粉1/2小匙

### 準備工作

1. 準備一個乾淨與全乾的容器（用熱水過一下，可以去油）。

2. 糖粉過篩，備用。

3. 檸檬擠汁，備用。

4. 將蛋白與蛋黃小心地分開。蛋黃含有脂肪，蛋白若沾到油或脂肪就不容易打發，要小心別弄破蛋黃。

煎 炸烤煮蒸炒

# 親切可人的國民美食

## 太陽蛋 / 荷包蛋 / 白煮蛋 / 溫泉蛋

不論是中國的荷包蛋、糖心蛋，西式的太陽蛋或日本的溫泉蛋，
不同的蛋料理卻同樣有著美麗的名字，代表人們對食物與生活、文學的連結。

因為蛋的容易取材，所以各國都有一些可以稱為「國民料理」的食譜。它們的名稱很美，代表了人們對食物與生活、文學的連結，例如中國的「荷包蛋」、「糖心蛋」，被翻譯為「太陽蛋」的西式煎蛋 sunny side up、日本的「溫泉蛋」，與新加坡的「咖椰蛋」（早餐中與kaya土司和咖啡相配的一種水煮蛋，因為講究蛋黃要全生能滑動，以very very runny的口號聞名，是殖民遺風的早餐蛋）。

中國的「茶葉蛋」也是一美，滷汁從破而不碎的蛋殼縫隙中透入蛋白光滑的表面，造成了自然有如大理石的花紋，外國食譜書就因這美麗外型而把它翻譯為「marble egg」。

早餐桌上的蛋不只使人想起營養與作法的問題，白煮蛋的蛋杯也成了桌上很好的裝飾品。我也有過幾個可愛的蛋杯，它們曾陪伴我的孩子度過許多寧靜的早晨，杯中裝的是一個蛋，與一份對於平凡、安穩的生活期待。

## 太陽蛋

蛋黃鼓鼓站在蛋白中間，不翻面的蛋稱為「太陽蛋」——sunny side up，當然，這樣的蛋如果稍蓋一下鍋蓋就會蒙上一層泛白的薄膜，又增幾分熟度，不過這樣的蛋，太陽的形雖然還在，色的意象卻已遠去。有些人不喜歡蛋黃是生的，希望蛋的兩面都有脆皮淺香，在一面稍煎之後，原形翻過來再煎另一面，這就是「兩面煎」——upside down。西式的兩面煎並不是「荷包蛋」，這是不應該混淆的認識與作法。

## 荷包蛋

荷包蛋有此名稱，是得之於它與「荷包」的形似，無論是污泥不染的植物或收藏私財的小包，「荷包」都不是圓圓一大片的，所以，蛋放入鍋中稍煎之後就得把蛋白對蓋，讓蛋黃包覆其中。

外國人喜歡把荷包蛋稱為「中式蛋」，用「油多、火大」來處理這道中國美食，這樣做出來的蛋，蛋白吃起來就像塑膠片，應取名叫「炸蛋」。雖然傳統中國鍋都靠油來潤鍋，但並不是「油量」使一個應該完美的荷包蛋變成了炸蛋，而是「油溫」不對時，荷包蛋才會不夠嫩。只要火不過大，蛋留在鍋中的時間不過久，是不致把荷包蛋藏於蛋白囊中的蛋黃做壞的。我覺得荷包蛋的調味最好用醬油，才符合中國傳統美食的基型。而西式的蛋當然就循著西方生活習慣，以鹽與胡椒粉來調味。

# 白煮蛋

連殼一起煮的白水煮蛋有軟有硬，是西式早餐中常見的一道菜色。但在我的童年經驗裡，白煮蛋是用來治「暈車」的。

南迴公路從高雄縣的楓港鄉到大武鄉這一段路，全都在山中繞，四十幾年前，家庭小汽車還沒有普及，進出鄉鎮之間主要靠兩種交通工具：台汽的巴士或專跑這些路段的長程計程車。

無論搭的是大車或小車，繞完那段路，很少人不是頭暈身軟的。各種治暈車的方法，就在口耳相傳中從偏方變成小買賣了，總有小販向即將出發的乘客兜售小東西。小販對孩子的父母說，拿顆話梅貼在他們的肚臍眼上，就可以治暈車；如果用沙隆巴斯做貼布，就更有效，所以他還會繼續問：要不要再買一張貼布？另一種方法是：吃兩顆白水煮蛋沾鹽。為什麼要吃兩顆，又為什麼要沾鹽呢？也沒有人說得清楚，但買的人都像服藥一樣謹慎地剝著蛋、沾著鹽，一顆接一顆地吃下去。

姐姐從小就很會暈車，爸媽雖然對那些偏方都因想不出道理而不願採信，但有一次，媽媽終於無計可施而給姐姐買了兩顆水煮蛋，結果是加倍的糟，我們一路從出發忙到抵達，大概是孩子的胃更經受不了這樣積著食物又顛簸著上路。姐姐後來的暈車症被母親用維他命丸當「安慰劑」治好了，她以為媽媽已經找到最有效的暈車藥。

把白煮蛋煮熟不難，熟而不硬卻不易，重點還是溫度的供應。跟蒸蛋一樣，鍋蓋要擔任調節溫度的重責，拉開一點，讓冷空氣流進來緩和即將達到沸點的溫度，其餘的熟度就還是要按照時間與經驗來微調。右頁列出的時間數值提供給你做為參考，蛋與鍋的大小、一次煮的數量與蛋本身的溫度都是變數，請留下自己的筆記做為調整的依據。

## ⸙作法

1 雞蛋洗淨，輕輕放入裝有冷水的鍋中，水量須高過雞蛋表面。

2 從冷水開始煮蛋，為了讓雞蛋完整不破裂，火力不要過大，最好用中火煮。在水滾前，每隔1、2分鐘就輕輕攪動雞蛋一次，這樣不但能均勻水的溫度，還能使蛋黃凝固在中央的位置。

3 你可以根據喜好和需求，選擇滾煮的時間與做法：

- **蛋黃呈完全凝固狀，會有沙沙的感覺，屬於全熟：** 水煮開後，立即關火，浸泡12分鐘將雞蛋撈起，沖冷水（如右圖上排）。

- **蛋黃呈半凝固狀：** 水滾煮2分鐘熄火，浸泡5分鐘將雞蛋撈起，沖冷水（如右圖中排）。

- **蛋黃呈液體狀：** 水滾煮2分鐘立即將雞蛋撈起，沖冷水（如右圖下排）。

## 溫泉蛋

這裡說的溫泉蛋並不是市售單顆包裝、以滷汁浸泡的糖心蛋，而是從日本溫泉旅館開始流行的半熟蛋。

溫泉蛋通常會泡在高湯做的日式醬汁中當小菜，或與熱飯相伴。它的質地近似於水波蛋，但操作上比水波蛋簡單，蛋白部分也不會有水波蛋嫩老混合的問題。

### 🥄 作法

1 請一定要用常溫的蛋，一次做5顆（如要做很多請以同樣條件一批批地做）。

2 將1500CC的水煮到完全滾，再加上300CC的冷水稍微攪動一下。

3 馬上放入蛋，蓋上鍋蓋泡10分鐘。時間一到就撈起，不沖冷水。

# 外香內嫩的煎蛋料理

## 玉子燒

蛋碰到不合適的高溫或煮得過頭就會像豆腐皮乾乾的,再過頭就會硬。
用不斷捲疊的方法來做玉子燒,雖較易成形,但也很吃油,易把蛋皮煎得乾硬。

*Basic Recipe*

**材料**

超市裡販賣的1顆蛋通常重約50~55克,1捲玉子燒用4顆全蛋

**調味料**

細白砂糖1又1/2茶匙(約10克,不愛甜的人可減一點)

若覺得蛋的顏色不夠漂亮,可加一、兩滴醬油

甜味的日式蛋條很適合用來探討煎蛋的技巧。日文中雞蛋的漢字寫作「玉子」,而日式料理命名時,動詞通常在名詞之後,所以傳統的日式蛋條就叫「玉子燒」。

關於如何做好日式蛋捲的說法有很多種,有的人習慣一點、一點加入蛋汁再不斷地捲疊,這樣的作法雖然在工法上比較容易成功,卻有兩個問題:一是非常吃油,另一是,這樣層層疊疊的都已經是較乾熟的蛋皮了,失去蛋的嫩。所以,接下來我將以逐步進行的工序與大家分享「外香內嫩」的煎法,做為你的基本參考與延伸。

## 作法

1 先預熱方形鍋，再加進約1小匙的油均勻潤鍋。

2 將調好味道的蛋液都倒入鍋中，把火控制在只照顧到鍋底的中小火，別讓火飛往鍋邊。

3 一邊加熱，一邊快速地破壞漸漸凝固的蛋塊，盡可能不要讓它變成一大塊或變老，整鍋蛋維持在均勻平鋪的狀態。

4 把鋪在鍋面的蛋分成三折捲起來變成一個蛋條，這時，中間的部分還沒有完全凝固，正好可以利用要給表面著色的時間與溫度，繼續往中間遞送熱。

蛋

# 蛋與蔬食的美好遇合

### 紅蘿蔔蛋 / 洋蔥蛋 / 菜脯蛋 / 蔥花蛋

蛋怕過熟，搭配的蔬菜食材卻需要深香，需求與特質不同的角色要同台演出，安排順序就格外重要。如果一開始就同鍋而煮，必然是無法兩全其美的。

在好多國家，蛋與蔬菜的合作都是很有名的。「西班牙烘蛋」、中國的「合菜戴帽」都是多種蔬菜與蛋一起演出的戲碼。

會做基本的玉子燒之後，我想談談家常料理中常見的另一種煎蛋，因為這些料理處理蛋的工法與玉子燒一樣，做得好不好吃，卻關係著你對所搭配食材的認識與處理是否正確。

蛋怕過熟，其他的搭配材料卻需要深香，需求與特質如此不同的角色要同台演出，安排順序就格外重要。如果一開始就同鍋而煮，必然是無法兩全其美的。所以，**廚房裡的導演──你**，就必須決定哪個演員先出場、以何種扮相出場，好讓整齣戲有最佳的合作。

左側照片中的四種食材都已經處理到熟軟褐香，因此，加入做蛋捲或炒蛋時，只要照顧蛋的狀況而不必考慮其他。這是不是會讓你覺得比較不手忙腳亂？其中的菜脯與蒜頭一起炒得非常香；而紅蘿蔔因為質地硬，先用一點水燜軟後再用油稍炒就會很香；洋蔥也已經褐化到它最好的顏色與味道，連看起來沒有質地問題的蔥，也先用油淺炒過了。

這些蔬菜蛋都可以像玉子燒那樣做成長方型的蛋捲、直接炒成形狀不規則的炒蛋，也可以利用盤子來翻面，做成一個兩面煎、又厚又圓的烘蛋。烘蛋因為整個面積很大，加蓋能夠幫助熱的均勻傳導，使食材更容易熟透。但最重要的還是要把蛋在鍋中先糊到八分熟再

整型，否則中間的部分會比圓周的部分濕軟，或者反過來說就是：
為了讓中央夠熟，四周的蛋則過老了。

西式炒蛋與中式炒蛋在工法上差別不大，但用的油不同，因此做西
式炒蛋時會更注意溫度的控制，否則奶油一下就燒焦，控制在低溫
也會使蛋較嫩。通常西式炒蛋也會再加鮮奶油，但這不見得是一般
家庭常備的材料，所以，你不如從這幾樣蔬菜蛋開始好好習作。

在上方右側的照片中，我特意把煎成一鍋的烘蛋與炒蛋放在一盤，
希望幫助你分辨材料完全相同但工法不同時的結果。

為了怕浪費篇幅與你的時間，接下來兩種作法的工序圖則分別以洋蔥（烘蛋）與青蔥（炒蛋）來呈現，但希望你了解：四種蔬菜都是可以用這兩種工法來製作的。

材料
Basic Recipe
蛋
紅蘿蔔
洋蔥
蒜頭、菜脯
青蔥

## 作法

1 **紅蘿蔔**：把切絲之後的紅蘿蔔用一點水燜熟，再加一點油炒到如124頁照片中的顏色。在炒的同時，妳一定會聞到糖化的香味。可以用一點鹽來調味，或只在蛋液中調味。

2 **洋蔥**：把切絲的洋蔥用一點油炒到著色深香，喜歡西式味道的人可以加入一些義大利香料粉。

3 **蒜頭、菜脯**：菜脯洗淨後泡水壓乾，然後用油把菜脯與蒜頭炒到非常非常香，再與蛋同煎。

4 **青蔥**：蔥在熱鍋中稍炒一下就好，因它質地很輕薄，但如果不先處理一下就與蛋同炒，會有一部分的蔥等於是在蛋液中燜煮，沒有著到油的香味。餐廳不需要這樣的作業程序，是因為他們不在乎用油量，火力又很大，但在家庭中請參考這樣的作法建議。

# 凝蛋料理東西談

## 茶碗蒸 / 蒸布丁 / 焦糖烤布丁

以「蛋」為「凝固元素」的料理，我統稱為「凝蛋料理」。
不同的凝蛋料理要先弄清楚蛋與水分的關係，熱處理的溫度也要恰到好處。

*Basic Recipe*

### 材料

1顆蛋
蛋量兩倍的高湯（如果沒有特別製作高湯，請以溫水加柴魚粉取代）
鹽

我們應該把中式或日式蒸蛋想成「鹹的布丁」，同時也把所有的布丁、烤布蕾想成「甜的蒸蛋」，才能化繁為簡、融會貫通地把這一類以「蛋」為「凝固元素」的料理一次弄懂。在這裡，我把這一整類的料理統稱為「凝蛋料理」。不同的凝蛋料理要先弄清楚蛋與水分的關係，而水分的份量與你所量得的液體份量並非同義，因為，100CC牛奶中的水分與100CC鮮奶油中的含水量可大不相同。

蛋與水做成的料理有蒸蛋、蛋豆腐（水的比例影響質地軟硬）；蛋與牛奶可以做成蒸布丁；蛋和牛奶、鮮奶油則可以做成烤布蕾或鹹蛋塔quiche（蛋的用量與鮮奶油更多的脂肪都會影響成品的質地）。

當蛋以甜的味道出現時，常常會顯露出其腥味的特徵，因此人們想出用另一種更好或更強的味道來掩蓋其缺點。這就是西方布丁類食品添加香草、焦糖的用意，而中國更是長久以來就有在甜蛋中加酒釀或桂花蜜的習慣。

凝蛋料理的理想外型是「平滑如鏡」，能達到這個條件是因為熱處理的溫度恰到好處。大家通常犯的錯誤是溫度的供應過高，這就可以解釋為什麼做凝蛋料理時，用陶瓷來作為容器比不銹鋼類更為合適。金屬導熱太快，與容器接觸的蛋汁很容易就受熱過快，膨脹形成小氣孔，那些蜂窩般的孔洞大大影響一份蒸蛋或布丁的品質。

東西方都有變化豐富的凝蛋料理，不同的是西方多為點心，而東方做為菜餚。中國人稱蒸蛋為「蛋羹」，日本人則以茶碗為容器，蒸蛋因而有「茶碗蒸」的定名。茶碗厚實，不只賦予這道料理的形式之美，也因為容器熱傳導和緩，而使蒸蛋質地特別均勻平滑。

任何凝蛋料理的共同製作技巧是：

● 與蛋混合的液體一定要加溫，才不會使混合液在加熱過程中產生沉澱的狀況。

● 完成混合的蛋液一定要過濾，否則蛋的濃蛋白或卵繫帶可能造成粗糙感。

## 茶碗蒸

### ▌作法

1 把蛋打散之後與溫高湯混合，繼續攪拌至完全均勻。

2 用紗布或細濾網過濾。

3 倒入碗中或杯中隔水蒸熟。

*Enhancing Skills*

### 讓表演更出色

● 用任何鍋子蒸蛋或布丁，最好都在容器上加一層覆膜或蓋子，除了能緩和過高的溫度從上面的熱對流直衝而下，也可以防止蛋的表層在凝固之前，因為蒸鍋的蓋子所滴下的水滴而破壞了本應平滑如鏡的表面。
不要把火開得過大，如果用電鍋，因為熱氣無法控制自如，鍋蓋不要整個蓋緊，透一點空隙可調節溫度，蒸出來的蛋一定會比較漂亮。

● 各種「蒸」的凝蛋料理，蛋與液體的比例參考如下：
蒸蛋1：2（水）
蛋豆腐1：1（水）
蒸布丁1：2（牛奶）

**材料**

| 焦糖部分 | 布丁體部分 |
|---|---|
| 糖100克 | 雞蛋4顆（約200克左右） |
| 水60CC | 香草精10CC |
| | 鮮奶440克 |
| | 細白砂糖50克 |

# 蒸布丁

### 作法

#### 焦糖部分

把糖放入小鍋中，加入水以小火煮滾至金黃色，離火後立刻一點一點平分倒入模具中。

#### 布丁體部分

1 雞蛋與香草精混合裝在一個容器裡。

2 鮮奶與細砂白糖混合加熱至50度左右。

3 將2倒入1，邊倒邊攪勻，此為布丁液。

4 將布丁液過濾後，倒入已裝有焦糖的模具中。記得將浮在布丁液上面的泡泡撈掉或用噴火槍稍微噴一下，這樣可以讓蒸好的布丁表面更好看。

5 鍋內架上蒸架，把布丁放上去，用一整張鋁箔紙蓋住所有布丁的表面。開中火並蓋上鍋蓋，等水煮滾，接著微開鍋蓋以中滾蒸約20分鐘左右。

6 可用牙籤或細筷子往布丁的中心點叉入再取出觀察，如果穿透孔中溢出來的液體是清澈的，就表示已經熟了。

材料（完成份量約24個）

**焦糖部分**

糖100克
水60CC

**布丁體部分**

雞蛋7顆
細白砂糖130克
香草精15CC
動物性鮮奶油220CC
鮮奶1000CC

**另一種變化**

焦糖除了可以先煮好，放在容器底部與布丁液一起烤，扣出後成為深咖啡色的液體之外，你也可以試試另一種作法：把冰過的布丁在最上層鋪灑上砂糖，再用噴槍融化成薄糖片，也就是照片中我們掀起的這一塊脆片。

# 焦糖烤布丁

## 作法

### 焦糖部分

把糖與水放入厚底小鍋中，用小火煮滾至金黃色，離火後立刻一點一點平分倒入模具中。

### 布丁體部分

1 把蛋、細白砂糖、香草精攪拌均勻待用。

2 動物性鮮奶油和鮮奶混合攪拌煮至70度（如果沒有溫度計，可以用表面結皮來判斷）。

3 將2倒入1，邊倒邊攪勻，此為布丁液。

4 將布丁液倒入模具中，烤盤墊紙，倒沸水入烤盤，再放上布丁進烤箱，以150度烤30~35分鐘。

# 豬肉
―――――――――――
P  o  r  k

在台灣，豬肉可以說是最容易取得、部位也最多樣的肉類，這種方便使我們能夠充分練習肉類的烹調，理解貫穿其間的技巧。

我並不特別喜歡吃豬肉，但「豬肉一斤多少錢」對我確有深意。記得幾年前回台東家，在爸爸的書房看到一本讓人好懷念的舊書，從這本書的印刷日期上看來，家裡買這本書的時候，我剛好三歲（四十八年前）。爸爸當時花一百四十元買這本精裝書，相對於他的薪水來說，應該是一筆好大的花費。

我想了解當時的生活指數，於是走下樓去問媽媽：「我三歲的時候，一個四口之家如果出去吃一餐飯，要花多少錢？」媽媽笑了，她說：「這是無法說清楚的，在那個年代，很少有這樣的事情發生。不過，如果你想知道一百四十元的價值，當時一斤豬肉大概是五塊錢，而一個六口之家，大概會分兩天吃。」

對於我所忘卻的年代，豬肉的價錢可以做為生活指數的參考，聽到母親用豬肉一斤在類比收入與支出，我由豬肉出現在餐桌的頻繁度來揣想一個家庭物質生活的概況，讓人對遠離的生活有真實的感受。

四十幾年前，除了信仰的原因之外，素食可不是生活風格或飲食主張，餐餐能有魚有肉才是許多家庭的願望。那些還用荷葉或報紙包著賣的「豬肉」，是我曾感受過的溫飽幸福，也是過去時日中，婦女在廚房裡把理家的智慧與愛盛裝一盤獻給家人共有的記憶。

# 白切肉變化2式

## 蒜泥白肉 / 乾燒豬肉丼

買三層肉時請注意不要買太大的，肥肉層要盡量薄。豬隻太大所取的三層肉，做起來硬且膩，皮下的脂肪層不管是看起來或吃下去都有如冬瓜糖。

用白水煮豬肉雖然看起來最簡單，卻不是最早有的烹調法。如果以人類熟食的發展來說，烤才是最原始的熱處理。森林大火使人類由生食進步到熟食，所以水煮其實比烤肉要文明多了。也因此，中國人的「白切肉」是非常進化的食譜。

白切肉一般常用三層肉。買三層肉時請不要買太大的，肥肉層要盡量薄。豬隻太大所取的三層肉做起來硬且膩，皮下的脂肪層不管看起來或吃下去都有如冬瓜糖，不符合現代人的口味與營養需求。

我小時候看著家家戶戶都是這樣做白切肉：如果是拜拜，會把整雞與豬的各種部位都放在一個極大的鍋子裡一起煮，先熟的先撈起，未熟的繼續滾。三層肉常是最先起鍋的食材，做為牲禮拜過後，就直接切著吃。作為不拜拜時的家常菜，大家則會把三層肉與大黃瓜或筍子一起煮，肉熟了取出切盤，瓜或筍就自成一鍋蔬菜湯，而這湯，也等於是用「豬高湯」當底了。

用一鍋的水煮一塊肉而分成兩道菜來吃，是過去資源有限時的理家智慧，值得記下；但如果你並不想要一鍋湯，就只要在鍋中供應適量的水，把肉煮到所需要的熟軟度即可。這樣味道不會消散於大量的水中，肉的滋味也比較足，又因不用煮開一鍋水，也會節能省時。

# 蒜泥白肉

## 🍴作法

1 肉川燙洗淨後加入2/3碗量的水，蓋著鍋蓋滾煮約12~15分鐘（其中一半的水量也可用米酒取代）。

2 取出後等表面稍涼，再切成薄片上桌。

3 **製作沾醬**：把蒜頭磨末或切碎，用蒜量一半的糖醃半個小時，再加醬油與一點開水調和 。（也可以再加上切碎的九層塔，味道會更好！）

*Basic Recipe*

## 材料
三層肉（1條約1斤）

## 🍴沾醬
蒜頭
醬油
糖

## 乾燒豬肉丼

前頁的白切肉是用一些水把肉煮到熟，水也幾乎收乾起鍋的狀況。如果把肉留在鍋中繼續加熱，當水分蒸散完了，貼在鍋上的肉就等於在鍋上乾烙。雖然此時鍋中並沒有另外加油，但三層肉的油脂豐富，肉會自己釋出油分，於是原本乾烙的肉遇油後，又變化成在鍋中進行「煎」的加熱法。

把肉兩面翻一下，你就發現這條三層肉從原本的乳白色慢慢轉成金褐色。這時，三層肉出現了好多好多的可能：加入豆干、青辣椒、豆瓣醬會變成回鍋肉；加入蒜苗炒一下，又是一盤蒜苗肉片。

如果什麼材料都沒有，剛好有顆雞蛋和一碗白飯，那麼，把切片的
肉花一點心思、用一點熱情擺放一下，放入一個新鮮蛋黃，再灑上
蒜苗或蔥，一朵花一樣的豬肉丼也可以陪伴你度過快樂的一餐。

# 炸梅花肉

梅花肉是肩胛靠近里脊的部分，脂肪不是以整塊肥肉層出現，
而是網絡似地散布開來，瘦肥比例特別好、也很香甜，是很受歡迎的部位。

初上市場學買菜的人常常會混淆「梅花肉」與
「五花肉」這兩個聽起來很相似的名稱。如果
用「顧名思義」的原則來理解，我想就比較不
會忘記。

「五花肉」又稱「三層肉」，是因為顏色的分
布依序為一層皮、一層脂肪（俗稱白肉）、一
層瘦肉，再一層白肉又一層瘦肉，五花交錯成
三層，就是這個名稱的來由。五花肉是里脊下
方、腹部的肉，常用來做白切肉或紅燒肉；用
鹹草繩把方肉綁成漂漂亮亮又醬燒得晶瑩剔透
的東坡肉，就是非要五花肉才能取其形的一道
菜。

梅花肉是肩胛靠近里脊的部分，脂肪不是以整
塊肥肉層出現，而是大網絡似地散布開來，因
為瘦與肥的比例特別好，也很香甜，是很受歡
迎的一個部位。

一隻豬的身體，部位與部位相連，並非從哪裡
畫出一條線，能楚河漢界地明白說出這塊屬五
花，那塊是梅花，總會有些不夠漂亮、哪裡都
稱不上的模糊地帶，在買賣上就容易有糾紛。
梅花肉也一樣，說起來雖然整塊都是肩胛，但
靠近頸部的肉，肌裡質地就比較粗硬，用肉眼
看也是脂肪網絡少，瘦肉纖維都比較粗長，與
「梅花」的說法其實相去甚遠，但賣的人多數

還是堅持說那是「梅花肉」。因此，買梅花肉時可不是聽攤上跟你大聲地「保證」，或讓他以權威嚇壞你的外行，要學著安安靜靜觀察，不用與老闆爭辯，「梅花」兩個字得在你的眼中名實相符。如果你找得到靠近里脊的部分，那塊肉用來滷或炸就絕不會失敗。

## 材料

梅花肉半斤
低筋麵粉半碗
全蛋1顆
麵包粉1碗
鹽1茶匙
白胡椒粉少許

## 作法

1 把梅花肉切成約2~3公分的塊狀，撒上鹽與胡椒粉。

2 準備好三個容器：一個裝低筋麵粉，一個用來把蛋打勻，另一個裝麵包粉。

3 油加熱好備用再處理肉的裹粉，因肉一裹好就要儘快下鍋，所以不要等肉都準備好了，油才開始加熱。油溫約在170~180度，或是丟一塊小麵包屑下去，看它是否很快地浮起來，以判斷油溫。

4 調味好的肉依序裹上麵粉、蛋液和麵包粉。上麵包粉這一層時，可以輕輕地緊一緊，讓麵衣能完整地沾附。

5 放入油中炸約4分鐘，當表面呈現漂亮的金黃色時，就可以起鍋滴油上盤。

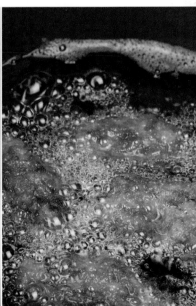

豬肉

# 咖哩肉醬

一般來說，肉經過絞碎就不會再洗了。食材切割面越多，越容易滋生細菌，
而水如果不夠乾淨、或洗後溫度不適當，更會使絞肉腐敗。

有一次在烹飪課上有學生問我：「絞肉要不要洗？」我嚇了一跳，
一個我以為不是問題的問題，卻看到好幾個人露出「我也有同樣疑
問」的表情。一般來說，肉經過絞碎就不再洗了，如果你擔心的是
那塊肉「表面」的清潔問題，也應該是在絞之前洗，而非絞過之後
才洗。食材的切割面越多，越容易滋生細菌，而水如果不夠乾淨、
或洗後溫度不適當，更會使絞肉腐敗。

我在市場上也看過肉攤老闆為了表示他們很清潔，先幫客人洗過肉
再放入絞肉機，這雖然很體貼，但是不是真正的衛生卻有待大家想
一想。事實上，傳統市場最大的清潔之患並不在白天而在晚上，當
一天販賣的工作結束之後，絞肉機是否徹底地清潔過並收置妥當，
才是衛生的重點。因此，如果你真的很介意，就得在家自備小型的
絞肉機，整塊肉帶回家好好洗過再絞，一絞完盡快進冰箱。

水洗並非殺菌，放在合適的溫度中保存、煮到真正熟透才是更重要
的衛生觀念。像這則練習中先炒又燉煮超過半個小時的碎肉，當然
已完全殺菌，但如果是以生肉做成碎肉堡，就請一定注意要整塊都
熟透。儘管這會使你失去大部分的肉汁，但你還是得以健康為第一
考量。

如果買一包絞肉回家要隔天再煮，請不要包成一團就往冰箱的冷藏
庫放，這樣的保存法常因肉中心無法得到適當的溫度而變壞。用手
稍把肉在袋中整成扁平狀再冰，比較不會出水，也不容易腐壞。

## ▍作法

1 把洋蔥切成約半公分的小丁，用一點點油先在鍋中炒香，炒到呈
　淺褐色最好。

2 放入絞肉，與洋蔥一起再炒一下。

3 把絞肉與洋蔥移到另一個較深的鍋中，加水、加蓋燉煮20分鐘。

4 放入一格咖哩塊後，攪拌至咖哩塊完全融化，加蓋再煮20分鐘。
　此時濃度會增加，注意火不要太大，否則鍋邊與鍋底會焦掉。

5 放入另一格咖哩，嚐過味道後再決定要不要加一點糖，如果太稠
　可再加水調整濃度。

6 同樣的一鍋肉醬，可以如照片中與泡菜做成丼、或做成咖哩飯。

*Basic Recipe*

## 材料

豬絞肉130克（可用梅花肉絞）
洋蔥60克
水1碗
市售咖哩塊2格
糖1/4茶匙

豬肉

# 蔥燒豬肉捲

大里脊唯一的缺點是脂肪很少，若不能掌握剛好的熟度，會煮得乾硬老柴。
而拍打或是以含天然酵素的食材醃後再烹煮，是維持口感的良方。

豬的里脊肉分為大里脊和小里脊。大概是日據時代的語言影響，市場多數的攤販還是用日語外來語的發音「rosu」來稱呼大里脊，小里脊卻慣用讓人望文生義、點明部位與區域的「腰內肉」相稱。這應是混雜文化的特點，各種語言文化都收納一些，久了就忘了來源。

初居新加坡時，聽到「咖比歐」、「咖比西」是要想一想才能夠分辨的，我不能強記，強記就亂，但是想通了語源反覺有趣。「咖比」對Coffee是夠清楚了，但「歐」可不是英文的音譯，而是福建話的「黑」，沒有加奶水的咖啡是黑的，這沒有錯，很傳神！那「西」又是福建話的哪一個字呢？並不是，它是英文Cream的開頭字母，所以，「咖比西」就是加了奶水的咖啡。我發現很多人以為rosu是大里脊的台語，突然想起該說一聲，這日文的外來語，語源應該是loin。

一整條的大里脊肉質均勻、形狀完整，風味也很甜美，唯一的缺點是脂肪很少，烹煮的時候若不能掌握剛好的熟度，就會把一份好好的食材煮得乾硬老柴，讓一桌人感到痛苦。不輕忽失敗的經驗必然會帶來更大的驚喜，使問題得到解決，拍打或是以含天然酵素的食材醃後再烹煮，就成了大里脊肉片在油炸之外維持口感的良方。

我小時候就很喜歡幫母親拍肉，但那時還沒有現在到處可見的拍肉鎚，我們用的是中國菜刀的刀背。橫的先輕輕打出一片直線，再把肉轉向，垂直又打出與之直角交錯的另一批線條，肉上於是織出了網一樣的格子來，自己看了都開心得不得了！

母親從整條大里脊取片時，會先數刀劃開包覆其上的薄脂肪與覆膜再下刀，她一邊做一邊告訴我，如不先切斷這些筋膜，一加熱肉片就會受拉扯而縮起，影響了它的形狀與好吃。「口感」這麼時髦的用詞，在我小時候是聞之未聞的，但好吃是我們更本質的要求。

## 作法

1 豬里脊先斷筋，每斤切成12片後拍扁成薄片（可請肉攤幫忙）。

2 青蔥洗淨瀝乾，切成約比豬里脊薄片稍短的小段。

3 把豬里脊攤平，抹上少許太白粉，將蔥段包捲在裡面（請夾一段蔥白與幾層蔥綠，因蔥綠較薄，要形成厚度得有幾層）。

4 以熱鍋煎豬肉捲，將表面煎至金黃色，先夾出鍋外。

5 把醬汁煮滾後再一次放入肉捲，均勻沾透醬汁，約煮5分鐘就可起鍋。

### 材料

豬里脊1斤
青蔥
太白粉少許（沾黏肉捲用）

### 煮醬

蠔油1大匙
醬油1/2大匙
水4大匙
黑胡椒1大匙
糖1/4小匙

# 泰式拌肉

釐清調味的經緯之後,所有泰國涼拌菜就可以任你變化了,
如果缺了哪種當地食材,也才能判斷要以另一種取代時,是不是合理的考慮。

我曾只是泰國的旅行者就已深深喜歡泰國生活獨特而溫柔的氛圍。
跟多數人不一樣,我第一次從都曼機場進市區,並非搭乘車子走陸
路,而是飯店派船沿著河道接我而去,所以第一印象中,我不只避
開傳說中惱人的交通擁塞,還證實了曼谷「東方威尼斯」的舊譽。
沒想到後來竟有機會在曼谷前後住了七年,可以繼續在尋常的生活
中去印證初始的印象,對於食與住,我真是特別有所感。

想了解一個國家的生活思維,大概沒有辦法不藉助飲食習慣的觀察
與分析做為線索。當地文化與外來文化在無言的競爭中誰較強勢,
日常飲食的風格往往就透露出端倪。比如說,台灣無論從咖啡廳或
商場的飲食文化,都可以看到外來的影響;而一派溫和的泰國,卻
一直以飲食特色來表達自己,政府還有計畫地派出受訓過的廚師到
歐洲去宣揚文化,讓人非常羨慕。

在談豬肉這一章時,我想起泰國最經典的一餐:蒸糯米飯(泰語音
似khao niaw)、生木瓜沙拉(som tom)和烤豬肉(yam mu),無
論五星級飯店或路邊攤都做得一樣好,真正可以稱得上「國民風格
餐」。我想是泰國人經常在生活中練習,因此味道的織就無論在家
庭或商業,都可以做得絲絲入扣。

我教學員做這道菜時,總要她們去分析其中味道的組合。調味的架
構有:酸、甜、鹹、辣、香、辛、苦,缺一而不足。而各種味道的
來源──鹹味可以來自魚露、醃漬物(如醃生蟹、醃蝦);甜味有
棕櫚糖與蔬菜;香味是烤過的主食材;酸味有檸檬或羅望子汁;辣
味是各種辣椒與蔥蒜;辛味是搗剁過的辣椒皮、果皮和辛香蔬菜;
微微的苦味則是果皮與研磨後的香料所出。

### 材料

霜降豬肉1片（約150克）

### 醃醬

醬油1大匙
糖1大匙

### 拌醬

香菜1小把切碎
紅蔥頭2顆切碎
蒜頭2顆切末
粗辣椒粉1茶匙
檸檬汁2大匙
魚露2大匙
糖1又1/2大匙

我要大家這樣去看這道菜，是因為釐清調味的經緯之後，所有泰國涼拌菜就可以任你變化了，如果缺了哪一種當地食材，你也才能判斷要以另一種取代時，是不是合理的考慮。

### ▍作法

1 用醃醬把霜降肉（整片或切半）醃一個小時以上。

2 把1/3碗水煮滾後，放下醃好的霜降肉，蓋上蓋子，保持中小滾煮約20分鐘。

3 打開鍋蓋繼續收乾，醬汁已濃，小心火不要太大，讓肉像是在煎烤一樣，有微焦香味就起鍋。

4 放涼後如上方照片所示，與纖維反向斜切成片，再與拌醬混合。配上大量的生菜，如蘿蔓心或萵苣葉更佳。

### 讓表演更出色

這則食譜是以乾煎來仿烤的香味，沒有直接用烤箱是考慮到沒有設備的朋友。一份肉要烤得好並非易事，因為烤在高溫下會把食材的水分大量帶走，如果不懂得同時用燜與烤來保護濕度，香是香，肉質卻很乾硬。

另一個我不是很鼓勵大家用小烤箱烤肉的原因，是很多人在用過烤箱後並沒有仔細清理噴出的油與湯汁，下一次再加熱時，油煙會大大地困擾你。尤其是小型烤箱，加熱管離食材太近，一噴上去就有遺患。

# 糖醋排骨

在糖醋排骨中，糖與醬油幾乎等量，而糖在菜餚中常有「脫水」的作用，
若不慎選有條件的部位來做，在高糖分醬汁中久煮的肉一定會變得比較乾硬。

現在餐廳裡以「糖醋」帶頭的菜色，做法多半是用番茄醬、糖與醋相伴，以勾芡的汁燴煮裹衣油炸過的食材。從調味料的添加來看，顯而易見這是近二、三十年才流行起來的糖醋法，因為番茄醬是西式餐點的桌上沾料，早年在台灣並不是家常用的調味料。

糖、醋煮成醬汁來燴是一種糖醋法，但這樣的糖醋味只能沾附在食材的表面，如果遇到不能久煮的食材或時間不夠時，這種糖醋作法是很理想的，因此餐廳也就慢慢採用了。而在這則食譜中，我們要討論的是入味的糖醋煮法。

我很少看到一道菜能被人人喜愛，而糖醋排骨很奇妙，明明就是一道非常偏甜的菜，卻連平常不喜歡甜味的人也能給它讚賞。我的嫂嫂最怕吃到帶甜味的菜，但她說糖醋排骨好，天生就該是這個味；我的孩子們還說，只要有糖醋排骨的汁，就可以再加飯。

在這道菜中，糖與醬油幾乎等量，算是含糖量很高的配方。值得注意的是，糖與鹽都有非常特別的性格，無論是固體或溶液中的鹽或糖，都會傾向與它們所接觸食品中的鹽分或糖分達到平衡，常被做為「脫水」之用。因此，如果不慎選有條件的部位來做這道菜，在高糖分的醬汁中久煮的肉一定會變得比較乾硬。

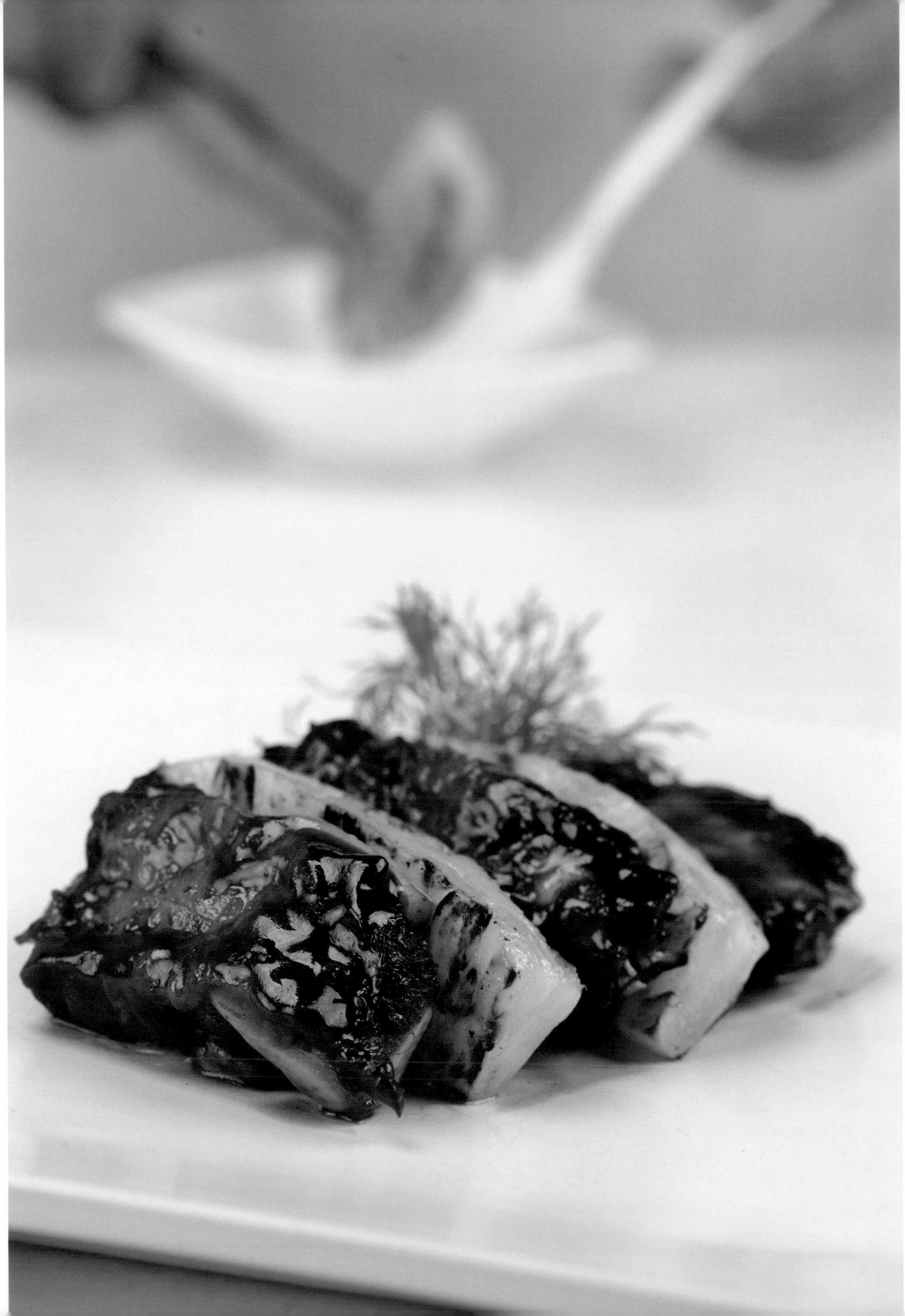

*Basic Recipe*

一整隻豬對開後，一邊各有15~16隻肋骨，雖都叫小排，但並非質地根根一樣好，第6~11隻是最好吃的，稱爲「正子排」，肉質比較嫩。如果買到正子排，請你試試以下的食譜。第一次下廚的朋友，建議排骨大小不要超過大姆指的長度，比較好操作，等做熟了，就可以一大隻、一大隻調理，煮與煎相伴，更有劇場效果地上桌。

有很多小朋友不喜歡紅蘿蔔，但與糖醋排骨一起煮的紅蘿蔔卻因爲非常入味而受歡迎。左頁的變化型是與鳳梨同煮，鳳梨除了有酸甜的味道之外還有酵素，如果不加，調味料中的醋也同樣可以達到酸味的效果，只是少了一點熱帶風情與水果的天然滋味。

**材料**

正子排1斤
紅蘿蔔1條（切片刨邊成滾輪狀）
或新鮮鳳梨2片
糖3大匙
醬油3大匙
醋2大匙
酒3大匙
水八分滿1碗

## 🥄作法

1 把正子排川燙後洗淨。

2 把所有調味料、水和紅蘿蔔放在鍋中煮滾。（如果用的是鳳梨，可以先放一片，另一片在排骨煮好後再稍煎做爲裝飾。）

3 放入排骨煮滾後，把火關小但要維持滾動，加蓋約煮25分鐘。

4 打開鍋蓋察看排骨是否熟軟，時間可以再拉長，但支持時間的是水分，所以水如果不夠，就要酌量地增加。

# 白雲豬手

豬肉或豬雜即使不臭，用米酒燉煮也能更增加風味。
如果想試試酒煮的豬肉料理，豬手與豬舌這兩種可冷可熱的食材是不錯的選擇。

廣東人稱豬腳為「豬手」，在食物中，「腳」總不算是個優美的稱呼，如果把豬直立地擬成人站立的姿勢，手就是指前腳了。如今在餐廳中，「豬手」之名已常用，但並不一定專指前腳，也有些人用「元蹄」或「肘子」來稱呼。

我一直到長大後才敢吃「茭白筍」，也是因它的台語諧音「腳白」讓我聞之怯步。母親知道我怕在食物中聽到「腳」這個字，所以，小時候我們的暗語是把我最愛吃的豬蹄子叫做「高跟鞋」，因為所見的豬隻都有黑足底，就像穿著一雙高跟黑皮鞋。

豬因為雜食，所以很多人覺得牠的肉有特別的臭味，一定要川燙過才好，但台灣現在最受歡迎的黑毛豬，如果很新鮮，其實是一點都不臭的。豬肉或豬雜即使不臭，用米酒燉煮還是能增加風味，我把豬手與豬舌這兩樣作法相同、可冷可熱的食材放在一起，如果你有興趣做做這種酒煮的豬肉料理，腦中就有兩種資料可供參考。

我喜歡稱豬舌為「40元的鮑魚」，因為一隻豬舌才40元，剛起鍋稍回涼就切片來吃，是非常美味的。不過也只有自己動手，才能享受到這麼物美價廉的菜餚，它的美在於你可以掌握到：出湯汁之後的夠軟與退溫到適合溫度時的回緊，卻又還沒有風乾失去水分前的質地。

## 材料

豬腳（約2斤）

米酒1瓶

水（1瓶米酒如果無法淹漫過豬腳，就要再加水蓋過）

### 另一種變化

同樣的作法也可用於豬舌。但因為豬舌體積較小，建議米酒的用量只要半瓶就好。

## 作法

1 豬腳剁塊，川燙15分鐘洗淨。

2 把豬腳放入鍋中，加米酒、水與鹽調味，水量要淹過豬腳。煮滾後轉為小滾，加蓋燉煮約1小時。

3 用筷子戳戳看夠不夠軟爛即可。

一點小叮嚀 通常酒和水的比例我會以2：1為準，如果用全酒，要小心加熱後你家的警報器會不會響起。這道菜可以熱吃也可以涼食，酒可以除去肉的腥臭味。

煮過豬腳的湯汁含有大量動物膠質，如果涼了就會結成凍，所以有時候我會特意把其中的一些豬腳肉切成小塊，與汁同冰後再扣出，做成肉凍。只要淋上一點蒜頭醬油或另加一點香油、香菜，就是夏天很好的一道前菜。

# 牛肉

B　e　e　f

台灣有本地牛肉與不同國家輸入的各級產品，味道的確有所不同，但因為每個人對於肉味與肉質的喜好各異，所以在這一章中，我只以不同的部位來介紹烹調的方法，而不討論自己的主觀好惡。

購買牛肉的時候，除了從顏色判斷新鮮度之外，我非常重視「聞」的工夫。如果你對眼前牛肉的新鮮度有任何質疑，請一定要拿起來聞一聞，不夠新鮮的牛肉會開始泛出酸味或微微有焦味。販售牛肉的店員常常會告訴你：沒有問題，是因為肉沒有和氧氣接觸才會顏色晦暗，這是一種可能，卻不是唯一的答案。所以，還是先信任你自己的感官知覺，而後從購買中累積經驗。

這幾年牛肉進口的標準與供貨都不斷改變，所以我是以超市常見的供貨做為實作的材料，請以個人的喜好來決定你採購的來源。真正重要的是，你應該學會如何調理手中的食材。

牛肉

# 拌牛件2式

### 童年拌牛筋 / 老虎菜拌夫妻肺片

適合滷過再拌著吃的牛肉部位都「不能油」。如果不容易買到牛肚與牛筋，
先用牛腱來做；先區別出味道與調理的方法，就能掌握更複雜的操作了。

小時候，我在東部鄉下的市場沒有看過賣生牛肉的
攤子，卻有賣羊肉的。當時牛肉雖不是家庭常用
的食材，但記憶中如果有機會在餐館吃到牛肉料
理，總是特別精彩。那幾年我們家有間房子在市中
心租給人開了一家名為「廣東館」的餐廳，我好懷
念他們的涼拌牛筋。牛筋滷爛之後再冰涼，回到了
恰到好處的嚼勁，這絕對是經驗老到的掌握；每片
牛筋又斜刀切得大小相宜，拌著的小黃瓜並沒有拍
碎卻是鬆軟的，非常簡單大方。

拌牛件另一道出名的料理是「夫妻肺片」，台灣有
一陣子很流行掛著這樣的招牌，但賣的是火鍋。有
一次我好奇，找一家店特地去問，全店上下竟沒有
人知道為什麼店裡有這四個字，因為他們也沒有這
樣一道菜。

二〇〇八年帶小女兒去上大學時，在羅德島的一
家名叫MUMU的中國餐廳吃到他們做的「夫妻肺
片」，味道倒是真的很好，使我想起了小時候的涼
拌牛筋。

夫妻肺片的「肺」字本是「廢」，是取牛雜不甚受
歡迎的部位老滷而後拌的料理。傳說清朝有一對刻
苦夫妻以賣拌肺片維生，手藝很受歡迎，口碑相傳
之後，故事於是成了菜名。今天，廢片已不再是廢
片，大家喜歡的是這道菜麻辣辛香的相和之味。

這一則食譜中的兩道拌菜是夫妻肺片的轉型，因為原菜有太多的佐料要備齊也困難，只要出味的條件具備就好了。做這道菜時，我想起了「老虎菜」，這是很簡單，但可以成為任何涼拌菜中一個部分的小菜，應該介紹給大家。

牛肉有很多部位都適合滷過再拌著吃，但得有一個條件是「不能油」，因為動物脂肪涼了之後，固態的砂粒感很膩，所以常用來滷的部位不是牛肋條，而是牛腱、牛肚和牛筋。如果不容易買到牛肚與牛筋，先用牛腱來做；先區別出味道與調理的方法，接下來就能掌握更複雜的操作了。

請把這道菜的重點放在「拌」之上，所以，你也可以先買些滷好的成品來練習，這樣在忙碌的生活中，也能增添一點飲食變化。

*Basic Recipe*

**材料**

牛筋1條
小黃瓜1條
蒜頭3顆

**調味料**

醬油2大匙
米醋2大匙
糖1.5茶匙
香油1大匙（若喜歡更重的油香，請用1.5大匙）

## 童年拌牛筋

### ❗作法

1 小黃瓜要壓，但不要拍太碎，切成與牛筋相襯的大斜片。

2 把切好的蒜頭、牛筋、小黃瓜和調味料拌勻即可。

*Basic Recipe*

### 夫妻肺片材料（4人份）

牛腱約半條

牛肚1/4個

### 老虎菜材料

香菜1小把

蔥2~3根

洋蔥1/6顆（也可加小黃瓜）

麻辣醬1茶匙（可以直接在超商買

老干媽麻辣椒醬）

香油1大匙

醋1大匙

醬油1大匙

糖1/2茶匙

## 老虎菜拌夫妻肺片

把切好的牛肚與牛腱肉片與老虎菜拌勻。

**另一種變化**

*Other Variations*

右側的照片加了一點紅辣椒，想提醒你，雖是同一道菜，其中一點顏色也會改變它的感覺。左側照片中的老虎菜是一道北方的開胃菜，醬中有麻辣，卻不加紅色的鮮辣椒，清清爽爽的綠色。做這道菜要注意的是，香菜不能用切的，一定要用招的，否則沒了葉的形態，整道菜會泛出刀口切出的鐵黑，也沒有枝葉彼此架構的輕盈之感。

# 蠔油牛肉片

澱粉有吸住水分、柔化蛋白質的功能。以進食者的角度而言，
吸住水分使食材感覺比較鬆軟，澱粉產生的滑嫩感也能入口愉快。

我想從這道炒牛肉片來討論粉與嫩精的用法。很久以前，大家就發現澱粉對食材的影響，習慣在要炒或要燙的肉裡拌上一點澱粉（最常見的是太白粉）。澱粉有吸住水分、柔化蛋白質的功能，以進食者的角度而言，吸住水分使食材感覺較鬆軟，澱粉產生的滑嫩感也能入口愉快，這是此種作法成為生活習慣的原因。我的奶奶喜歡把瘦豬肉片裹上一層太白粉再煮湯，我父親是崇拜母親料理的孩子，他常常提到奶奶的瘦肉清湯有多好吃！

另一種大家熟知的柔化作用，就是用木瓜粉做原料的嫩精。水果中經常含有可以分解蛋白質的酵素，在〈豬肉〉一章中我們用鳳梨煮排骨，或是這一章中用蘋果醃韓式燒肉，都屬於這樣的應用；一般說的自然嫩精，就是指青木瓜粉。

酵素有它的好處，但借助太過，當然會使肉的質地產生粉粉的散落感，反而是一種減分。有的人徹底地反對使用嫩精，以為對健康有害，大家可以在仔細了解後自己決定。

*Basic Recipe*

**材料（3～4人份）**
菲力牛肉片150克（約4兩）
蒜頭3顆
四季豆半斤

**牛肉醃料：**
蠔油1茶匙
酒1茶匙
太白粉1又1/2茶匙

## 作法

1 把牛肉片用醃料醃製至少半小時。

2 先用半湯匙的水與一點鹽把四季豆稍煮至變色，立刻起鍋，在盤中不要堆疊，鬆開來散熱。

3 在熱鍋中放入約1匙油，潤一下鍋之後立刻放入牛肉片。

4 鬆開牛肉片，使其均勻受熱，因肉薄，不多久便已經八分熟。

5 加入剁碎的蒜頭，繼續翻炒一下。

6 倒入剛剛起鍋的四季豆，拌勻就可起鍋。

牛肉

# 韓式牛小排薄片

說起西門町的韓國烤肉「阿里郎」時，先生的讚嘆常使我有錯失一遇的憾恨。
也是在丈夫發光的眼中，我才知道食物回憶對孩子的魅力。

我第一次做這道菜的時候，先生只聞到味道、還沒嚐到肉就稱讚我，他說聞起來道地，這使我很得意。並不是因為他是韓國人，而是「韓國烤肉」是他童年味道之憶的情有獨鍾。

雖然我們只差一歲，但他在台北市長大，從小又因為家庭關係，對很多老餐廳有難忘的回憶，尤其說起西門町的韓國烤肉「阿里郎」時，他的細說與讚嘆常使我有錯失一遇的憾恨。從結婚聽他說起這佳餚已過二十六年，也是在丈夫發光的眼中，我才知道食物回憶對孩子的魅力。

後來無論在哪一國吃到韓國烤肉「Bulgogi」，很少嫌棄事物的先生都不曾讚美過我們眼前的食物，反而是一次又一次地說起以前的「阿里郎」多好吃，又說公公的好友黃伯伯每從澎湖來台北，總要吃上好幾盤。黃伯伯是糖尿病的老病號，妻子是醫師，因此飲食被管理得特別嚴格，但為了「阿里郎」的Bulgogi，黃伯伯飄洋過海時就暫把愛妻的叮嚀放一邊了。

我的韓國泡菜與Bulgogi是在新加坡居住時的鄰居韓國媽媽教我的。她對我真好，不只傾囊相授，一早叫我去練習時還準備了一堆吃食招待我。韓國女性很豪放，不只個個是球場高手，回家轉身入廚房，又都燒得一手好菜。Mrs Hur的菜很有專業的品味又有家庭的溫度，也許是因為這樣，我第一次回家練習時，就得到我們家那個韓國烤肉迷的直聲稱讚。

## 作法

1 牛小排薄片先一片一片鬆開。

2 將醃醬材料全部混合攪拌均勻。

3 醃醬倒入牛小排薄片中拌勻,醃製至少一個小時。

4 洋蔥切絲,青蔥切細丁。用一點油把洋蔥放入乾鍋炒香,撥到鍋中的一邊,另一邊放入醃製好的牛小排薄片,拌炒之後再兩邊匯集。熄火前將細蔥加入拌炒一下,即可起鍋。

---

**一點小叮嚀** 如果家中有陶盤或烤鍋,就可以在桌上直接操作。夾生菜吃或配飯,都一樣好,如果要用韓國常用的捲心萵苣,請確定生食的安全性。上方照片中用的是沙拉用的蘿蔓心生菜葉。

*Basic Recipe*

## 材料

牛小排薄片600~700克(請以家人口味的輕重調整肉與醃醬的量)

洋蔥半顆

青蔥適量

### 醃醬

蘋果磨成泥1/3顆(可用梨或奇異果代替)

蒜頭磨成泥4顆

醬油3大匙

細砂糖2大匙

芝麻油1大匙

太白粉1大匙

芝麻適量

# 骰子牛肉

我想以小尺寸的食材來幫助大家建立煎牛排的新觀念。先把小尺寸做好，
才能更進一步思考做一大塊時，要如何克服設備或條件上的問題。

在很多人的印象中，牛排都是一大塊肉在盤上滋滋作響的意思，但
在接續的這兩則食譜中，我卻想以小尺寸的食材來幫助大家建立煎
牛排的新觀念。如果你能把小尺寸的食物做好，才能更進一步思考
做一大塊時，要如何克服設備或條件上的問題。我選擇用牛小排和
菲力來討論牛排的做法，是希望大家第一次下鍋就能有好的成績。
這兩種牛肉也都適合白灼，因為肉質都很軟嫩，但兩者一瘦一肥，
剛好可以用來分析。

牛小排是牛隻肩胸和肩胛相連的部分，因為肥瘦分布均勻，使得油花量雖然幾乎高達35~40%，入口時也不覺得膩，跟其他分布極端的部位相比（如肩、胸），口感與滋味都優劣立辨。

要分辨一塊牛小排新不新鮮，除了以肉色為基本判斷，還有一個該注意的要點：脂肪與瘦肉的分界要非常清楚明晰。若脂肪已沾染肉紅，該紅的泛黑，該白的帶紅，就不再是沒有與空氣接觸而造成的顏色問題了，而是鮮度不夠。

肉質好的牛小排如果切成正立方體，就像遊戲工具的骰子，但這道現在流行如此稱呼的菜色，二十幾年前就在某些越南餐廳或粵菜餐廳以精細的手法呈現了。那時的黑椒牛肉粒，顆顆都精選。

*Basic Recipe*

**材料**

牛小排
鹽
黑胡椒

## 作法

1 把牛小排條切成正方體，一樣要退到常溫。

2 乾鍋燒熱後立刻放下牛小排，每一面都煎。翻動時速度稍快，如怕照顧不及，一次不要下太多。

3 每一面都熟後，撒上一點鹽與黑胡椒，趁熱吃。否則牛小排涼後脂肪會再凝固，感覺較膩。

*Basic Recipe*

## 材料

牛小排
鹽
黑胡椒
白飯
青紫蘇（大葉）

*Other Variations*

**另一種變化**

# 青紫蘇牛肉丼

這道丼飯本不在我先前的食譜規劃中，但一煎完看到鍋中噴香的油，立刻擔心你會擦去或洗掉，於是趕緊拿來一碗飯，做成一碗青紫蘇牛肉丼，希望再添劇場裡的多一份想像。

## 作法

1 青紫蘇葉洗淨後切成細條。

2 把白飯倒進煎牛排的鍋，用所出的油把飯炒一下，加上一點鹽與黑胡椒。這時，鍋中焦香也盡入飯中，這飯非常非常好吃。

3 將之前煎好的骰子牛肉切成薄片。

4 再加上青紫蘇葉，就可以像照片中一樣排成一個日式丼。

# 培根菲力

圍綁上一塊培根肉的菲力牛排是傳統的作法，除了加入培根的煙燻香味，
還可以補充一點油脂給雖柔軟卻偏乾瘦的菲力。

菲力是肉質柔軟的部位，但是與牛小排的柔軟
成因完全不同。這條長約50~60公分，寬度視牛
隻大小約在10~16公分左右的肉條，雖然並沒有
油的支持，卻因為它包覆在動物體的較深處，
沒有運動過度的問題，肉質很好，一直都深受
喜愛。尤其是對想吃牛排又怕脂肪攝取過度的
人來說，菲力總是最優先的考慮。菲力是從法
語filet mignon而來，同一個部位在豬肉中慣稱
為腰內肉或小里脊。

圍綁上一塊培根肉的菲力牛排是傳統的做法，
除了加入培根肉的煙燻香味之外，還可以補充
一點油脂給雖柔軟卻偏乾瘦的菲力。也常有人
在上盤時，再借著一顆生蛋黃給這樣的牛排更
多的滑柔油脂，但我的家人更喜歡以布列乳酪
來相佐。

Basic Recipe

## 材料

菲力牛排（某些超市有一塊塊切好、單獨包裝的出售。因為
溫度很重要，這些牛排通常不會放在任選的開架上，多半都存
放在有專人服務的冰櫃中。）

培根（不要買合成的培根，很容易斷裂就做不成這道菜。請挑
選是完整三層肉片的培根。）

乳酪（Brie de Meaux、Taleggio或你喜歡的任何一種，但軟質比
硬質更合適，青白黴不拘）

## 培根菲力

### 作法

1 牛排要退到常溫，不要直接從冰箱拿出來就下鍋，這會使得外焦裡生，無法完成好的作品。

2 用一條綁粽子的麻繩把繞著牛排的培根綁好，但請不要綁太緊，這樣做只是不要它散開，並不需要紮出腰身。

3 鍋完全熱後放上牛排，如果你用的鍋子容易黏鍋，請先上一層薄薄的油。除了上下兩面，牛排四周的每一面也請都要好好照顧，這樣熱剛好從四面八方透進來到達中心點。

4 切記熱度是由外而裡慢慢進行，像菲力這麼厚的牛排，在某一段時間中蓋上鍋蓋是必要的處理，有助於鍋中保有更理想的熱度。由於每個人喜歡的牛排熟度都不一樣，右頁的照片提供了三種煎的時間及其熟度做為基本參考，你可以依據喜好而定。每種煎法一開始的工序都是相同的：**將牛排放入鍋中先開蓋煎2分鐘，使牛肉的兩面褐化，封上牛排的表面，接下來就進行蓋上鍋蓋再開蓋煎完的工序** 。（此塊牛排厚約4公分，已完全回到常溫。）

# 雞肉

Chicken

雞肉是在近三十幾年才成為台灣家庭的日常主菜，民國五十年開始引進洋種雞之前，只有所謂的「土雞」。但土雞並不是指某一個雞種，而是指長期在台灣生長的「本地雞」，這包含漢人來台之前原住民飼養的野雞、漢人從中國帶來的雞種，以及從日本、美國所引進的雞。所以，即使說是「土雞」，牠們的血統也還是很複雜的，並沒有單一的外表可供辨識。

跟土雞大有區別的是民國五十年以後所引進的白肉雞。洋雞因生長期短，價格可以符合一般大眾家庭的需要，很快就超越了土雞的飼養量，也使得雞肉慢慢成為家庭裡常出現的主菜。以前要在「加菜」時才會出現的「雞腿」，如今是很多人餐餐得以選擇的便當主菜之一。

現在傳統市場上最主流的雞肉供應既不是肉雞也不是土雞，而是肉雞與土雞所混種的半土雞。這些外觀與體型變異大的雞種，也叫「仿仔」，是「仿土雞」的簡稱，明其並不純正的血統。想是因為土雞身價較高，又標榜根在本地，所以即使血統各佔一半，也叫做「仿土雞」而非「仿肉雞」。

在禽畜肉類的食材中，雞算是最容易區分部位的，分為雞腿、雞胸與雞翅來討論，大概就足以符合一般人初學時的需要了。一隻大雞腿，最能說明一道菜因為劇場效果而產生的價值差異。大雞腿便當每天都會見到，屬於平價料理，但精妝細著之後的雞腿用來當主菜，便可以好幾倍於它的材料售價。如何把雞的幾個部位以不同方式有模有樣地端上餐桌，是這一章中的功課，希望也能讓你稍微改變每日便當與速食的印象。

# 白切雞變化4式

## 白斬雞 / 泰式白切雞 / 海南雞 / 三水雞

白切雞是先用白水來燜煮一整隻雞之後，再配上不同的沾醬；
除了品嚐雞原味的鮮美與嫩汁之外，醬更加深了一層味覺的感受。

我想要在這一則食譜中，把常見的白切雞料理做個簡單的整理。並
列的延伸食譜有：【海南雞】、【三水雞】、【泰式白切雞】和台
灣的【白斬雞】。

這幾道分布於亞洲各地的雞料理，都是先用白水來燜煮一整隻雞之
後，再配上不同的沾醬；同時受歡迎的原因除了是雞本身原味的鮮
美與嫩汁之外，醬更加深了一層味覺的感受。雖然是聞名於不同的
國家，但這幾道菜都跟華人有關，因此基本上，它可以說是中國人
吃雞肉最出色的方法之一。

## 白斬雞

這樣的菜名望文而知全意，「白」說明了烹調的方法，「斬」則表
示這道菜是連骨帶肉的剁塊上桌，一聽就感覺到其中的粗獷豪氣。
白斬雞應該是多數人從小到大在年節或慶宴上最熟悉的印象，雞皮
因為斬剁而微離了雞肉，是透明的黃色，上盤整頓後，皮與肉還是
難免分離，隔著一層薄薄透明的膜，乳白的肉顯露了「嫩」這個字
水滑的視覺效果。

台灣為白斬雞所預備的醬料，各地不同，但都是以生醬油泡辛香配
料為主。有的地方只泡粗細不一的蒜頭碎，有的在生蒜之外又加生
辣椒或青蔥；我最喜歡的，則是以九層塔、蒜頭、辣椒醃製而成的
沾醬。

## 泰式白切雞

曼谷七年、新加坡五年的寄居，白斬雞對我而言很自然地從家鄉傳
統食物的印象，變成了這兩國聞名於外的美食認知。兩國雞肉的吃

法都比台灣細緻，去骨之外，雞胸還一定去皮，無論是不是隨著香蘭南薑雞汁飯上桌，肉一定切成小塊、小塊，得要好幾片才夠拼得上我們剁成的一塊。這時，就能明白「斬」字是不可隨意用於菜名的，大刀才能出豪塊，這可不是南洋華人料理的作為。也因此，無論海南雞、三水雞或泰國的白切雞，醬的特色絕對超過肉的本身，這與台灣大口吃肉、或沾醬或不沾醬的吃法，真應該分別來看待。

泰國白切雞的沾醬一般都有兩種，一種顯然受當地飲食影響，是蒜頭、辣椒和檸檬汁的組合；另一種則是維持潮汕人的吃法，把薑泥與粗細薑粒同時泡在豆豉的醬汁中。

## 海南雞

新加坡的海南雞也有兩種醬，其中的紅醬與泰國的幾乎一樣，另一種則是顏色青翠的蔥泥，一眼得見廣東食風的彰顯。

## 三水雞

三水雞在新加坡不像海南雞這麼普遍。來自廣東三水縣的客家女子非常勤奮，她們的服飾特別之處在於頭上所綁的「紅頭巾」，後來「三水婆」就成了這一區客家婦女的代稱，而三水婆在年節所煮的白雞沾的是獨特的薑泥，這也使得三水白切雞成為流傳南洋的客家美食代表。

現在被餐廳再次包裝上市的三水雞，是包在生菜中一起吃，我認為這當然不是「傳統」的吃法，而是創意的說法，太摩登了，失去窮苦歲月的合理印象。但三水雞的重點是「油泡薑泥」，這薑泥又與泰國潮汕的豉汁薑醬有所不同。

## 白切雞的煮法

各種白雞料理，雖然醬有不同、雞種也不同，但烹煮的方法其實是大同小異的。在過去，雞都是一整隻賣、多半也是一整隻下鍋煮，現代家庭人口少，不一定要買一整隻大雞才能做這些菜。另外，為了怕雞肉過熟不好吃，商業上多半採用「泡煮」而不是「滾煮」，但如今這種作法是否還能通過大家對於衛生觀念的檢驗，恐怕也得再想一想。尤其是夏天，千萬要把食物煮熟，也不要為了皮的脆而隨意泡冰水，衛生局已發出過幾次中毒案例的警告。

### ▍煮雞的過程

如照片中所示，約700克重的仿土雞大雞腿1隻，先煮1200克的酒水（酒、水比例為1：1），等滾起後再放入雞腿。再度滾起後計數10分鐘，熄火泡10分鐘；接著再滾10分鐘，再泡10分鐘後撈起。（如果煮的是全雞，酒水量最好淹沒整隻雞，中間滾煮浸泡的時間延長為20分鐘；第二次則是滾煮15分鐘，再泡15分鐘。）

煮雞的時候，因為大小尺寸的差異，所需的熟成時間會有不同，上述的酒水用量和雞肉重量比例可以做為你估算的參考，至於滾煮的時間，請以全熟為最重要的考慮。你可以用一隻細叉叉入最厚的部位，再觀察洞口冒出的水是否清澈。

## 醬汁的作法

### 蒜頭九層塔醬

這種醬在製作上沒有任何特別之處，但一定要記得，把蒜頭先用糖泡一下，這不只可以使味道柔和，對於胃怕刺激的人來說也比較好。另外該注意的是，有些醬油太濃，請以開水調和。

### 三水雞薑泥

這道醬用嫩一點的薑當然是比較好吃的，但是秋冬沒有嫩薑，如果是老薑，磨成泥之後記得要把汁擠去一些，以免太辣。在小鍋中用多一點的油炒煮薑泥，等涼了之後再加上鹽與一點糖調味。請不要在油很熱的時候調味，調味品會凝結成塊。

### 蔥泥

與薑泥的作法一樣。

### 海南雞醬

蒜頭5顆、薑1小塊、辣椒2條（如怕太辣可去籽）、檸檬1顆榨汁、糖1大匙、鹽1小匙，用調理機或果汁機打成醬。如果沒有機器，就請分別剁碎後再混合。

### 豉汁薑醬

廣東的三大民系是廣府、潮汕與客家，飲食之風交疊影響。這道醬用的是顏色偏黃的豆豉，而不是晶瑩透亮的黑豆豉。把薑切成細丁，與薑泥同混在豉汁中，如果覺得濃度太高，請加水調稀。

炒 煎炸烤煮蒸

# 韭黃炒雞胸

若以肉的甜度來說，雞胸的確是非常鮮美的部位，
但因為纖維粗長，更要注重切取的方法和煮法，才能吃出它的真價值。

**材料**

去骨雞胸1個，約400克
韭黃約200克

**調味料**

醬油1又1/2湯匙
香油1湯匙
酒1湯匙
糖1/2湯匙
太白粉1湯匙

雞胸是評價兩極的部位，有些人為了健康的理由，把雞胸看成是整隻雞最好的部位；有些人則因為吃過煮得太老的雞胸，而覺得它是一整隻雞最難吃的地方。若以肉的甜度來說，雞胸的確是非常鮮美的部位，但因為纖維粗長，如果切取的方法不對，又不重視煮法，就真的不受歡迎。

肉雞的雞胸一定比仿土雞的來得鬆軟一些，但我不知道該不該隨便用「嫩」這個字來形容，因為對「嫩」的理解與要求，每個人有不同的標準。我想告訴大家的是，如果你怕硬，請不要買土雞或仿土雞胸。

一整塊的雞胸厚薄相差很多，不必堅持整塊烹調，我們可以用簡單一點、成功率高一點的方法來試試看。

**作法**

1 把雞胸切片，醃入所有的調味料。

2 韭黃洗淨瀝乾、切段。

3 用一點油先炒韭黃，加一點鹽與柴魚粉稍微調味，立刻盛盤。

4 清理一下鍋子，熱鍋後再加上一點油，放入雞胸。很快地把雞胸撥開，不要集中成堆，如果食材的受溫不夠均勻就會出水。

5 雞肉因為有醃過醬油，很快就會褐化，產生香味。一聞到香味，就可以大翻到另一面著色，再拌炒一下即起鍋，把雞胸鋪放在炒好的韭黃上面。也可在鍋內倒入韭黃，和雞胸拌勻再裝盤。

煎 | 炸 烤 煮 蒸 炒

# 蒜香檸檬生煎雞腿

雞腿如果一路只用鍋來煎，流失的水分與油會使肉質變乾，
在煎之外兼用少量的水燜煮，才能同時呈現香味與熟嫩。

即使是相同的部位，帶骨而熟與去骨而熟的雞腿，口感是絕對不同的。如果要生煎一隻雞腿，那我會建議你試試帶骨的整腿；如果是生炒雞丁，用去骨的雞腿會比較容易掌握熟度，達到滑嫩的要求。

生煎是複合動詞，不只用到煎，也要用少量的水來燜煮，這是因為既需要香也需要熟嫩，所以從經驗中累積出來的應用。

以雞腿來說，如果一路只用鍋來煎，流失的水分與油很可能使肉質變乾，這樣太可惜了，所以很久以前，廚師們就懂得運用兩種以上的動詞特點來兼顧更理想的狀況。你可以利用這道生煎雞腿，好好練習這種非常深思熟慮的烹飪方法。

我特別用「生煎」這兩個字，是希望你想起「生煎包子」、「生煎鍋貼」這些常在街上見到的製作實景。仔細觀察，你會發現其中一定有「加水、加蓋」的工序，這就是除了「煎」之外的「燜煮」。

## 作法

1 2隻帶骨大雞腿各切成兩段，洗好瀝乾後先抹上鹽，醃20分鐘。

2 鍋預熱後加入一點點油，稍煎一下雞腿，讓兩面都有一點顏色，時間約是2分鐘（如果你用的是不沾鍋，就請不要再用油，肉雞的油非常多）。

3 加上3湯匙的水，蓋上鍋蓋，用中小火煮約8分鐘。此時鍋中的水大約已燒乾，開始會有一點油釋出（如果雞腿太大，時間要拉長，水量也要跟著增加）。

4 關火，但不要開鍋蓋，再燜約3分鐘，讓熱更進入骨頭的部位。

5 再度開火，如果油很多請用紙巾擦掉，以免煎變成「淺油炸」。而油太多也會使油煙變大，雞皮更乾。

6 取出雞腿後，繼續用原鍋烹煮醬汁：稍炒蒜頭，再倒入檸檬汁，檸檬汁剛好可以把鍋中的焦香收起，最後加入鹽、糖、黑胡椒與紅胡椒粒。

**材料**
帶骨大雞腿2隻
鹽1/2茶匙

**醬汁**
檸檬汁半顆
蒜頭3顆
鹽1/4茶匙
糖1/4茶匙
黑胡椒
紅胡椒粒

食材小常識 紅胡椒粒是產在南美的一種漿果，有水果的清香但沒有辣味，乾燥的果實有點空脆，與結實的胡椒很不相同。

煎 炸 烤 煮 蒸 炒

# 三杯雞

要使濃汁入味於較大塊雞肉，必須先煎後煮以取出某些香味，再以醬煮入味。
而三杯雞的作法與味道，正是值得學習的基本型經典菜色。

*Basic Recipe*

**材料**

仿土雞帶骨大雞腿1隻，約重
700克

薑1段

整顆蒜頭約10顆

九層塔3~4葉（連骨一挑，千萬不
要摘成單葉，才不會顯得單薄）

麻油2湯匙

醬油3湯匙

糖2/3湯匙

酒半碗

我要用三杯雞來說明濃汁入味於較大塊雞肉的做法。先煎後煮是為
了先取出某些香味，再以醬煮入味。如果醬汁不同或搭配的食材不
同，同樣的方法就會變化出不同的結果，因此，請特別注意烹煮的
工序。

我以三杯雞為例，是因為這道菜流傳已久，雖然今天我們所吃的三
杯雞已經是改良過的，加了蒜頭與九層塔，但它的作法與味道的確
是經典的菜色之一，值得做為基本型來學習。

三杯雞中的「三杯」指的是一杯酒、一杯麻油、一杯醬油，但這說
明的不是量的問題，而是這三種調味食材的等比關係。這個基調今
天很難再被採用，不只是因為我們對油的需要與想法已大不相同，

醬油的鹹度也有了多樣的選擇。所以在你做三杯雞的時候，只要記得「酒、醬油、麻油」是必不可少的，再以糖來協調它們的味道平衡，做出來的雞就一定會很好吃。

## 作法

1. 帶骨雞腿剁成約12~15塊，每塊大小不要相差太多。

2. 薑刷洗乾淨，連皮一起切出薄片。整顆蒜頭去膜但不要拍壓。

3. 用清油把洗淨並擦得很乾的九層塔先炒好備用。

4. 鍋熱後倒入麻油，用中火把薑片與蒜頭煎香，喜歡乾香的人可以多爆一會兒。

5. 薑片與蒜頭取出一半，另一半留於鍋中，把雞肉與蒜頭均勻鋪於鍋中，煎至兩面都著色之後，再加入所有調味料拌勻煮至滾起。接著調整為較小火力，蓋上鍋蓋燜煮至收汁（約需20分鐘），起鍋前可再下1湯匙的酒，稍炒就起鍋。

6. 將炒好的九層塔倒進來拌和就可盛盤，或換到已經熱好的砂鍋中保溫上桌。如果要加辣椒卻不要辣味，可稍煎後做為裝飾，但不要以生的狀況直接上盤。

煮 蒸 炒 煎 炸 烤

# 照燒雞翅

照燒是以醬油、味醂與酒煮成的燒烤醬汁，已成日本料理的代表性味道，
現代家庭為了方便，也轉型為以照燒醬或煮或煎地模擬出古早的燒烤美味。

傳統照燒的作法，是把食材先在火上烤到七、八分熟，塗上一層煮
過的醬油甜醬，繼續烤，再塗醬，再烤。這樣的作法在今天不再用
炭火炊食的家庭中，其實是有點不方便了，但這以醬油、味醂與酒
煮成的醬汁，卻因為深受喜愛而成了日本料理中非常具有代表性的
味道。現代家庭中為了方便，也就轉型為以照燒醬或煮、或煎地模
擬出早期生活的燒烤美味。在美國與歐洲，更是讓人感覺到「照
燒」的名聞四海，Teriyaki竟跟Sushi一樣，在餐廳裡變成了人人都
懂得的外來詞，無需過多的說明與介紹。

值得跟「照燒」一起認識的是「幽庵燒」，這個煮法據說來自江戶時代的茶人北村祐庵所傳，是把白身魚用照燒的醬汁醃漬後再烤。前者是讓食材的原味與依附在表面的濃醬進口中才融合；後者則是送醬汁的味道深入食材當中。浸泡不只以時間換取味道的深入，也同時改變食材的質感，這道雞翅是不醃直接煮，因此理當命名為「照燒」。「幽庵燒」後來也有創意料理寫做「柚庵燒」，是以柚子的輪狀切再加入醬汁中，想來是料理人從文字附會而來的創意。

## 材料

二節翅4大隻，約500克

### 照燒醬

醬油3湯匙

細白砂糖2湯匙（或味醂2.5匙）

米酒3湯匙

水八分滿1碗

## 作法

1 在鍋中把所有照燒醬的材料煮滾。水是為了支持加熱的時間，所以份量是可以調整的。這道菜如果用肉雞，煮的時間會比較短，水量就應該減少一點。

2 放入雞翅，翻覆沾汁，讓每個部位都上色後，蓋上鍋蓋燜煮，仿土雞至少需要20分鐘。在確定最厚的部位完全熟之前，如果覺得醬汁不夠，請再酌量加水。

3 當整隻雞翅都熟了、醬汁也都收乾，把火關小，繼續加熱進行著色與糖化，這是用鍋來模仿照燒「烤」的色與香。因為雞已是熟的，只要顏色滿意，就可起鍋裝盤。

一點小叮嚀 請注意三杯雞和照燒雞進行的方式是相反的：三杯雞是先煎取香味再煮醬汁；照燒雞是煮好醬汁後再煎取香味。

煮 蒸炒煎炸烤

# 韓式燉雞

具有養生食感的韓式燉雞是少數用糯米濃化的湯品，
這種稠化的方式很值得學習，學會之後就可以轉用於自己的料理中。

*Basic Recipe*

## 材料

土雞或仿土雞1隻（若怕太油，
就買公雞，但肉質會比母雞硬）

長糯米半碗

蒜頭10顆

紅棗6~8顆

生蔘或乾蔘鬚（生鬚可用3顆，乾
鬚用1/3把）

枸杞15~20顆

米酒1瓶

## 沾醬

胡椒鹽

胡麻油

新鮮蒜頭薄片

韓式燉雞除了輕藥味的養生食感之外，我覺得它之所以受喜愛，也是因為湯中有自然的濃稠。這是少數用糯米濃化的湯品，很值得學習，學會後可以再轉用於自己的料理中。

不只糯米可以稠化湯品，現在也有人把米飯打一打之後和於西式湯中，我覺得這也算是個好方法，但比例很重要，如果喝湯時看到或感覺得到米飯的顆粒，其實就算穿幫了。

做韓式燉雞，糯米如果塞於全雞的腹腔以限制米的隨意四散，穀物的漿液可以與湯汁融合，但不會造成湯不像湯、粥不像粥的感覺。（如果不是用全雞來做，可以把糯米裝進網眼很大的紗布袋與雞同煮，但要預留糯米膨脹的空間，只裝1/3袋的量。）當然，同樣的配方也可以煮成粥。糯米的黏度與粳米不同，要斟酌米量，免得煮出一鍋完全沒有湯汁感的粥。

## ❙ 作法

1 糯米泡水後，裝入已掏空的雞腹腔，糯米至少會膨脹兩倍，所以要預留空間，太緊了米會不熟。也可以在米中加入幾顆枸杞，但不要多，酸味太強會影響味道。

2 用一個可以容納整隻雞的深鍋，放入雞後注滿蓋過雞的水量（我喜歡酒水各半的比例，但你可以自己決定酒量），量出水量後先把雞抓起，等酒水都煮滾再放入蔘、蒜頭、紅棗、枸杞和雞。

3 等所有材料再度滾起，調整火力為中小滾，蓋上鍋蓋。1個小時後檢查一下，若還不夠透，請繼續加熱，雞可翻動，但無需過度。

4 滾到整隻雞與腹中的糯米都熟透時，湯的濃度會改變，藥材的味道也釋出，嚐過原汁後再調味最為準確，用一點鹽與白胡椒其實已足夠，搭配沾醬即可上桌。

*Other Variations* **另一種變化**

剩下的雞湯，可以在隔天早上加入大燕麥片煮成粥。而同樣的作法，你也
應該會做【香菇燉雞】；如果在香菇燉雞起鍋前再加上蛤蜊，又將使你的菜
單上多一道變化。

炸 烤煮蒸炒煎

# 檸檬雞條

去骨的肉雞腿本來就很滑嫩，地瓜粉麵衣的香酥也很討喜，
再配上新鮮的檸檬汁沾醬，掌握操作的小技巧，就能減少油炸物的燥熱之感。

我曾經開過二十一年的餐廳，因為顧慮到工作人員每天如果都做著同樣的菜，難免會熟而生厭，所以餐廳的特色是經常更換菜色。因為常客很多，更替新菜時，客人都是高興的，只有幾道菜，每次被換下，客人一定很快就反應他們的不滿，【檸檬雞條】就是其中之一。

我想，這道【檸檬雞條】之所以深受歡迎，理由其實很簡單：去骨的肉雞腿本來就很滑嫩，而麵衣用的是地瓜粉，油炸後產生的香酥很討喜，加上我們的沾醬是用新鮮檸檬汁煮成，自然的酸甜減少了油炸物的燥熱之感，酸甜香酥，特別擄獲孩子的心。

雖然我很不喜歡油炸，餐廳卻不得已地在客人的要求之下，幾乎從未間斷過這道菜的供應。在這則食譜中，我想與大家分享的是操作中值得注意的幾個小地方。同樣的作法如果不喜歡炸，也可以用煎的做成「雞丼」。

## ❙ 作法

1 把切好的雞條醃在醬料中，如果你不想要雞皮，在醃之前就該整張先拔去。醃2小時之後就可以用，如果一次醃的量很多，也可以凍在冰庫中存放。

2 準備一個容器裝著地瓜粉，醃過的雞條因為有足夠的濕度，一碰上乾粉很容易就能裹上，輕輕抓握，讓每一個雞條上都有一層外衣，炸起來才會好吃。

3 等鍋中的油熱升至約180度，如果沒有油炸溫度計，也可以丟進一兩顆較粗的地瓜粉，一看到粉很快浮起，就知道油溫已夠。

4 把雞條一一輕輕放進鍋中。放多少量應該要配合你的鍋具大小來取捨。量太大，溫度的照顧不足，炸起來的東西會不夠酥脆。我建議一般家庭用的鍋子，放入的炸物不要超過油量的1/3。

5 炸好要起鍋前，請稍微加大火力。用油瀝撈起雞條後最好直立起來滴油，彼此不要疊放，免得熱氣又燜軟了酥脆的皮。

6 兩種醬汁的作法如下——

**檸檬醬**：新鮮檸檬汁與二砂（二號砂糖）同煮，加一點點鹽，再以玉米粉勾成醬；如果不想損失維生素C，可以先把糖與玉米粉煮成濃醬，冷卻後再調入檸檬汁。

**蜂蜜芥末醬**：黃芥末醬加蜂蜜。

*Basic Recipe*

**材料**

去骨雞腿12兩，每隻做成6條

**醃醬**

醬油1湯匙

糖1湯匙

酒1/2湯匙

太白粉1/4湯匙

（小一點的雞腿可以用3隻雞腿配2份醃醬，一隻也只要切成4~5條）

**炸粉**

地瓜粉（請買顆粒較粗的）

# 豆製品

Soybean Foods

大豆製品應該一分為二。原汁原味、或濕或乾的產品歸一類，它們味道接近，質地差別卻很大；嫩豆腐、板豆腐、腐衣、凍豆腐與原味豆干都可以歸在這一類。另一類則是在售出前先經過油炸或煙燻，因此味道都蓋過了豆汁原本樸實的清香，表現出較厚重的餘味。

經過油炸之後的豆產品，質地更堅韌一些，可以擔任禁不起一碰的豆腐所無法演出的角色；用來做稻荷壽司的豆腐皮，或用來填魚漿絞肉的空豆包就是一例。

豆製品不只廉價地提供我們身體需要的蛋白質，也使得素食者的餐飲生活有了更多變化。除了健康受限的原因之外，我很少聽到有人強調自己不喜歡豆腐類的菜餚；這樸素的姑娘一登場，總讓人想起蘇軾的「淡妝濃抹總相宜」。

我最喜歡關於豆腐的文字，並不是出現在專寫美食風物的篇章中，而是很久、很久以前讀老舍的小說《駱駝祥子》中的一段文字：

──坐在那裡，他不忙了。眼前的一切都是熟習的，可愛的，就是坐著死去，他彷彿也很樂意。歇了老大半天，他到橋頭吃了碗老豆腐：醋、醬油、花椒油、菜末，被熱的雪白的豆腐一燙，發出點頂香美的味兒，香得使祥子要閉住氣；捧著碗，看著那深綠的菜末兒，他的手不住地哆嗦。

吃了一口，豆腐把身體燙開一條路：他自己下手又下了兩小勺辣椒油。一碗吃完，他的汗已濕透了褲腰。半閉著眼，把碗遞出去：「再來一碗！」

那碗老豆腐的美味是襯托在祥子疲憊的身軀與複雜的心情之下，口舌與胃腹間的感受，既是味更是情，至今難以忘記。

# 蒸豆豆漿

將豆子蒸熟後再做成豆漿,只是一個程序上的差別,
呈現不同的風味,提醒著我們別讓舊的經驗佔據了慣常的思考。

*Basic Recipe*

**材料**

大豆1杯

(約可做3~4杯豆漿)

記得頭一次喝到豆子蒸熟後再做成的豆漿時，我感到非常驚訝，一時竟無法辨識出杯中飲料的成分，一直懷疑除了黃豆之外，主人還添加了什麼不同的材料，比如說，綠豆蒜？或這黃豆其實是用火焙過的？總之，除了濃之外，這樣的豆漿還有傳統豆漿所沒有的另一種成熟香味。

我沒有想到，只是一個程序上的差別，就能使我們所熟知的豆漿變得這麼不一樣。這對料理的學習來說，實在是一次很好的體會；熟知的道理有時候連想都沒有被想起過，只因舊的經驗總佔據了我們慣常的思考。

第一次煮完這道豆漿的早上，我不像平日那樣，以咖啡當飲料，但還是好奇地拿起每天做卡布奇諾時用的簡易打奶泡器，在鍋中攪動起熱豆漿。沒想到奶泡脹起的速度比鮮奶快，泡沫也很厚實細緻，餐桌上薄薄帶把的玻璃杯，閃爍著晨光可愛的氣息。

可能是沒有喝過頭戴白帽的豆漿，而這杯豆漿又這麼香醇可喜，我頓時在心中把它封為最好的早餐飲品，悄悄地背叛了廚房牆角那台咖啡機，決定下午再喝我那杯被心率限制，一天只能一杯的卡布奇諾。

以下的作法，是以沒有豆漿機的朋友為考慮所寫的。

## 作法

1 以大約兩倍的水泡著洗淨的黃豆，如果是夏天，一定要放進冰箱冷藏，夜晚泡，早上起來剛好可以用。

2 將泡過的黃豆蒸或煮透，若用鍋子煮，以兩倍的水約煮50分鐘。

3 熟透的黃豆拿出冷卻之後，加入生豆量四倍的水一起放進果汁機打碎，再過濾。

4 如果要再度加熱，請小心控制火，豆漿滾起後很容易溢出鍋外。這道飲品無論加不加糖、或冷或熱都很好喝！

5 用一支簡單的手持打泡器，就能做出照片中那樣的豆漿卡布。

豆製品

# 豆汁百頁

用稀釋過的豆漿把百頁煮脹，看它們像大白帆船揚揚得意地迎熱招展，
只要加上醬油與芥末、細蔥，就像重溫在日本吃掬豆腐皮的滋味。

賣百頁豆腐的人都愛交代初次買豆腐的人說：「不要煮太久！」如
果你回問為什麼，說的人也答不出個所以然來。在外面有機會吃到
百頁豆腐的時候，感覺都是緊實的，這種大豆蛋白的製品味道與豆
腐不是很有關連，我因此一直都不大喜歡，覺得它扎實到不自然。

有一次，嘉華的么妹做滷味時忘了時間，不只忘了，還忘了很久，
所以把幾塊沒有切開的百頁滷到都「開花」了。本以為是個大失
誤，沒想到卻錯得這樣可喜，嘉華用「滑蛋」形容這個無心插柳的
美食，我一聽很心動，馬上就試了。

因為鍋子很大，不斷加熱時，百頁才有足夠的空間能伸展。那些百
頁像大白帆船般揚揚得意地迎熱招展，我守在鍋邊，看得真開心！

在台灣還沒見過有人賣「掬豆腐皮」，所以我第一次吃到脹得軟綿
綿的百頁豆腐時，想到的並不是滑蛋，而是掬豆腐皮，這種不用掛
瀝，趁豆腐皮凝固前先用手撈起的豆腐皮很纖細。么妹這個美麗的
錯誤帶給我很大的快樂，我自此以後就常用稀釋過的豆漿把百頁煮
到大脹，只要加上醬油與芥末、細蔥，就好像重溫在日本吃掬豆腐
皮的滋味。

*Basic Recipe*

## 材料
百頁豆腐2個
（未煮之前約5×11.5公分）
無糖豆漿450CC
水900CC
蔥
醬油
芥末

## 作法

1 無糖豆漿加水煮滾（燜煮時需要足夠的水分，如果用濃豆漿，會
一直煮出豆腐皮來）。

2 下百頁豆腐，燜煮1個小時。

3 盛碗後，用醬油、芥末調味並撒上蔥花即可食用。

豆製品

# 海鮮豆腐羹

豆腐切細煮湯時，如果勾芡煮成羹，再滑一點蛋白，
可以讓豆腐本有的柔滑不致有孤掌難鳴的遺憾，完成的畫面也會更柔美。

豆腐切細煮湯，如果不勾芡，它本有的柔滑就有著孤掌難鳴的遺憾。韓國也有以豆腐為底的鍋，湯也是又濃又滑，那是辣醬中的糯米糊所致，與勾芡一樣，都有以濃郁保溫的用意。

只要是新鮮的海鮮，用來煮這道豆腐羹都很合適。海鮮可以是單樣或多樣，也可以加上一點豬絞肉，變形為海陸合味的羹湯。在這道羹中，最要注意的除了「味」之外，還有「形」。因為豆腐切得細碎，鋪天蓋地而來，海鮮的尺寸就應該跟豆腐配合，不要太大。湯是一匙又一匙舀起就入口的食物，如果喝的時候，要把某些固形材料在碗中先用湯匙裁小，這會立刻減失溫度的妙處；又或者送進口中了，才發現材料需要咬成一半留在匙中，那真的有些掃興。

每當想起溫度與湯之間的關係，我就會想起日本人喝湯的器具「湯吞」。日本並不是一開始就不用湯匙的，他們的食器發展也曾經有過湯匙，但後來發現，湯匙在舀送的途中會失去湯最恰當的溫度，慢慢就改為以碗就口，在哈氣吞吐之中，隨個人喜歡來決定溫度。重視美食的民族，最不能忍受湯的溫吞，中國人的火鍋與羹湯搶的也就是溫度恰到好處的一刻。

## 作法

1 豆腐切成小塊瀝乾，海鮮切成小塊狀，金針菇切成短段，洋蔥先切成絲再切成細丁，香菜或芹菜切成細末。

2 如要用蛤蜊，先煮熟，挖出肉待用，湯汁可以取代其中的水量。

3 湯汁滾後放入洋蔥、金針菇煮約10分鐘，讓洋蔥的甜味先煮出。

4 加入豆腐，整鍋都滾起後先勾芡。雖然這時還等著海鮮的匯入才決定味道，但勾芡之後滾起的湯汁溫度會比較高，煮海鮮時就能供應更理想的條件，熟度也不會因為工序費時而過度。

5 再度滾起後，加入海鮮。放入時輕輕撥動，只要使海鮮不黏成一團就好，不必用力翻覆不停。

6 因為海鮮切成的尺寸都不大，無需久煮就會熟，滾起之後立刻調味，若這時覺得海鮮所釋出的水分使濃度變稀，還可以再勾一次芡，但小心不要過度。

7 火轉小，滑入蛋白，輕輕並快速地攪動，不要讓它凝結成塊，這樣才能使湯有小白花的感覺。

8 灑上香菜、白胡椒粉與香油，做最後的裝飾與提味。上桌時也可加上紅酒醋。

*Basic Recipe*

## 材料（8人份）

嫩豆腐1.5~2盒（可自行調整）

水1100CC（可以用雞高湯取代部分的水，味道會更好）

洋蔥1/8顆

金針菇1包

太白粉3.5大匙（請參考68頁〈廚房中的粉〉中式湯羹的勾芡比例）

蛤蜊1斤

蝦10隻

魚4兩

（海鮮可任選幾項，不一定要備齊）

蛋白1顆

香菜或本地芹菜

鹽或醬油（湯的顏色會不同）

香油

白胡椒粉

**一點小叮嚀** 因為豆腐無論怎樣切，角度總是較硬板的，滑一點蛋白會使完成的畫面更柔美。不加蛋黃是因為顏色混雜，徒然攪擾了豆腐的素雅。

豆製品

# 柳川風豆腐燒

柳川市聞名的鰻魚料理採用類似滑蛋的作法，湯汁不多但香甜柔滑，
後來也被廣泛應用於不同食材。這道豆腐燒，就是來自於這樣的聯想。

*Basic Recipe*

## 材料（2~3人份）

嫩豆腐1塊
洋蔥1/4個
金針菇1包
青蔥1根
蛋2個
七味粉

## 調味料

醬油2大匙
味醂1.5大匙（或糖1大匙多一點）
柴魚粉1/4小匙
水5大匙

「柳川」是日本九州福岡縣內的一個小城市，就在築後川注入有明
海的河口地帶，所以城內至今仍有許多蜿蜒通幽的渠道，遊客可以
乘小船漫遊柳川市景，欣賞舊倉房與岸邊軟枝搖曳的垂柳。柳川市
除了特產「有明海苔」外，鰻魚也很著名，採用類似滑蛋的作法，
湯汁不多，但香甜柔滑。

柳川鰻魚料理因地成名之後，這種味道與作法就被應用於不同的食
材上，「柳川風牛肉鍋」、「柳川風地雞鍋」……在日本各大城中
的酒館餐廳常可見到；這道豆腐燒，就是來自於這樣的聯想。

要把柳川風料理做好，最重要的是蛋與汁液的比例要恰當，蛋的熟
度也要剛好。汁燒得太乾，蛋滑下去就一如炒蛋，凝成塊狀，沒有
滑的柔嫩可愛。另一點該注意的是，滑下蛋後，火一定不能開大，
別忘了所有的凝蛋料理都怕過高的溫度，火太大，蛋會出現坑坑洞
洞，就與柳川搖曳生姿的水鄉風情不大相配了。此外，整顆蛋可以

打得很均匀，變成同一個顏色，也可以蛋黃蛋白只稍做拌和，這樣鍋中的滑蛋就有另一種黃白自然交接的生動。

## ▌作法

1 洋蔥與菇都切成絲，如果用香菇，可以切得比洋蔥厚一些。

2 在鍋中先用1匙油炒香洋蔥及菇，然後加入所有調味料，滾煮至蔬菜出香味。

3 把切好的嫩豆腐小心地放入鍋中燉煮，不要開太大的火，以免豆腐煮壞，出現坑洞。

4 如果覺得豆腐不好翻面，可舀起醬汁淋在豆腐朝上的一面，此時可加入蔥粒。

5 把蛋汁均匀地滑入豆腐四周，保持小滾使蛋漸漸凝固，加上蔥絲與七味粉即可上桌。

**食材小常識** 七味粉是日本的一種辣調味粉，混合的是辣椒、陳皮、白芝麻、黑芝麻、山椒、紫蘇、青海苔這七種藥味辛香料。如果沒有，以辣椒粉代替也可以。

豆製品

# 炸豆腐丸子

豆腐丸子一炸好就可以嚐，是很吸引孩子的一道年菜。
由於豆腐水分多，要先壓乾，才不會使肉丸子過度軟爛而無法成型。

炸豆腐丸子是小時候我們家過年一定要做的菜。我很愛幫助母親做這道菜，因為一炸好就可以嚐，這對孩子來說很重要，品嚐味道是最好的參與證明，我無論帶自己的孩子或小廚師，都從他們身上不斷看到這種喜悅。

記得豆腐丸子起鍋時，當時正在分擔其他家事的哥哥們也會圍過來要求品嚐一兩顆，母親總是很高興，放著鍋邊的事，看著我們噴噴稱熱與讚不絕口，直到驚覺這樣吃下去，年夜飯餐桌上的量就不夠了，大家才戀戀不捨地離去。我的先生說他以前也最愛過年時婆婆炸的肉丸子，我猜想，食物可愛的形狀對孩子而言一定是很有吸引力的，小小份量也正符合嚐試而不影響大局完整的尺度。

我很小就會用兩隻湯匙刮下一球、一球的豆腐肉泥，交給母親下油鍋。因為豆腐水分多，要先壓乾，才不會使肉丸子過度軟爛而無法成型，這是母親年年做這道菜時總要叮嚀我的事。

*Basic Recipe*

## 材料

板豆腐2塊
梅花絞肉200克
蔥1根
乾香菇3朵
蛋1顆
太白粉2大匙

## 調味料

柴魚粉1/2茶匙
鹽1/2茶匙
胡椒粉1/2茶匙
糖1/4茶匙

## 作法

1 把板豆腐攪碎後放在濾網上，輕壓出水分待用（如果有紗布，可以用它擰去水分）。

2 蔥切成細末；香菇泡水使其軟脹再切去蒂頭後，剁成細丁。

3 絞肉、豆腐泥與蔥、香菇、蛋、太白粉和勻，加入調味料。

4 在鍋中熱油，用湯匙把豆腐肉泥刮成小球，每球大小約等於1個10元銅板。

5 把肉丸放入油鍋炸成金黃色，撈起滴乾油就可上桌。（有些小朋友喜歡沾番茄醬，可以試試看！）

# 鹹魚豬肉豆腐蒸

蒸魚或蒸肉時，下層可以墊上豆腐，除了多一種食材因而增添豐富之感，
淡雅無味的豆腐可以收納湯汁，又滑嫩順口，老少皆喜。

以豆腐墊底，鹹魚與絞肉同蒸，這樣豆腐就
可以吸收鹹魚與肉的味道。鹹魚與肉相配的
菜色，還有廣東人愛吃的鹹魚雞粒，以及寧
波人喜歡的黃魚鯗（黃魚干）燒肉。我們如
今做「魚香類」的食物並不用魚了，只爆
蔥、薑、蒜卻稱為「魚香」，應是遺漏了顧
名思義的故事性，所以「香」字或是「鯗」
（ㄒ一ㄤˇ）字的訛轉。

相傳吳王夫差的父親闔閭，追逐東夷人入海
時曾經吃到金色的魚，回來後念念不忘這滋
味，就問左右還有剩魚嗎？侍從說，只剩曬
乾了的魚，闔閭就還是要那魚干，嚐後覺得
味道甚美，寫下「美魚」兩字，合成了一個
「鯗」字。

所有的干物除了脫去水分而使味道更濃，還
因發酵而新增了許多滋味，這樣的滋味有人
愛、有人怕，不過最奇妙的是，它的確是一
種餘味無窮的食材，從嗅覺到味覺不斷地改
變，翻轉著人們對它的印象。海畔有逐臭之
夫，市場也有追逐著臭豆腐香臭交疊的美食
之士；味覺的確是個人的經驗，但分享之後
就添寬廣的可能。

## 作法

1 蔥白、蔥綠分開切細，薑磨成泥待用。

2 鯖魚沖洗擦乾後，用手剔去骨與刺，再剁成細塊或泥（如果你喜歡看到成塊的魚肉就不要切得太碎）。切好的魚肉與絞肉、蛋、蔥白末、薑泥、太白粉和糖拌勻。

3 把豆腐切成片，放在容器上蒸10分鐘或直接煮一下，倒掉多餘的水分。

4 把魚肉泥鋪於豆腐之上再蒸約25分鐘，以探針或細筷子刺入整份食物的最中心，查看冒出的湯汁是否完全清澈。如果沒有濃稠汁液冒出，就代表中心溫度已經足夠，食物熟了。

5 先不關火，放上綠蔥末，再蓋上鍋蓋蒸1分鐘，讓蔥的香味與顏色都更穩定。

6 將容器中的湯汁勾芡或直接舀起淋於魚肉餅之上。

## 材料

嫩豆腐或板豆腐1塊
薄鹽鯖魚1/2條
梅花絞肉4兩（請肉攤以中口絞兩次）
蛋1顆
太白粉1大匙
蔥、薑適量
糖少許

**讓表演更出色**

建議大家先把豆腐燙或蒸一下再放上主食材，原因有二：

首先，藉著第一次蒸去掉一些水分，免得鹹魚肉泥再蒸時出的湯汁被豆腐所出的水分稀釋。

此外，這種蒸法是直接以餐具上鍋，從上面來的溫度會比下面受食器阻擋的溫度高；如果豆腐又是冰涼的，貼在豆腐那一面的肉泥受熱就不理想，相會之處會流出未凝固的血水，使整道菜的容貌受影響。

豆製品

# 納豆烤年糕

納豆與乳酪一樣，吃比聞更有說服力，靠的是經驗的再吸引。
而納豆與烤年糕是值得一提再提的相遇，不妨試試看，享受牽絲引線的樂趣。

納豆是蒸煮過後的大豆再經由菌的作用發酵而成，雖是從中國引進，但中國人平日的飲食裡卻很少單獨見到納豆，多半都用於食品的再製作。所以我們熟知的納豆食品，大概都是日本食彩的分享。

納豆與乳酪一樣，吃比聞更有說服力，所以靠的是經驗的再吸引，以及有經驗的人切中要點的推薦。納豆的牽絲引線也是真喜歡的人才會津津樂道並急於和人分享的牽絆，那絲絲縷縷讓沒有嚐過的人看著、看著，就想起了春蠶的吐絲。

納豆烤年糕在製作上雖比較麻煩，卻是值得一提再提的相遇。由於這道菜比較花時間，很少有餐廳列在菜單上，我有時會擔心這一類的料理因為餐廳求簡便而不再供應，所以失傳了，就把這道食譜又列了進來（我曾在另一本書《廚房之歌》介紹過，本不該重複的）。

真正好吃的料理如果不牽扯到特別的技術，與其總要倚賴專業的供應或是在餐廳奇遇，還不如自己動手。現在也更容易買到這兩樣材料了，所以無論如何，請在家試試看吧！

## 🥄 作法

1 把蘿蔔磨成泥，稍壓出水，但不要壓到太乾。

2 蔥切成細花待用。

3 把醬油、味酥、開水與柴魚粉調成醬汁，也可滾煮一下，泡入蘿蔔泥待用。

4 用烤箱或乾鍋把日本年糕烤到外表脹起，內心軟化。

5 在放上烤年糕的碗中淋上蘿蔔泥醬，再加上納豆與青蔥。年糕放涼會再度硬化，所以這道菜一做好就要馬上吃。

*Basic Recipe* 🍴

## 材料（2人份）

日本年糕2小塊（超市售有整包約10～12塊裝，每塊都單獨包裝）

牽絲納豆1小盒（一般盒內都附有一點醬汁與黃芥末）

白蘿蔔1小塊

青蔥少許

## 醬汁

柴魚粉少許

醬油1大匙

味酥1大匙

開水1大匙

# 蔬菜

Vegetables

台灣無論是蔬菜的種類或供應量都非常豐富。小學在地理課本上讀到寶島四季如春，要到長大自己主中饋之後，才在豐富的市場供應中深深了解氣候與生活的相關；但從另一方面看，我們也因為日日豐富，而比較忽略菜蔬「旬之味」的品嚐。

小時候，奶奶常說：「有魚有肉，嘛愛菜枚。」蔬菜的好，實在不只是健康上的問題，即使拋開營養不談，如果少了蔬菜，就讓很多精彩的食材得獨角上場，那種單調真是無法想像。

無論是菇菌、葉菜、豆莢、茄果或根莖類，每一種蔬菜都有與他人協調的能力、有幫襯的本質，還有很清朗的內在。尤其是現代人的餐桌上，一樣是肉類，卻因為速成的養育方式而堆積著過多的脂肪，所以，盡可能提高你每一餐中菜蔬的配比量，這一章的介紹就是以此為目的，希望你能時時想起它們。

拌 煮 蒸 炒 煎 炸 烤

# 涼拌蔬菜2式

**醃番茄 / 冰茄條**

不管是直接搭配其他食材，或是經過熱處理後浸泡在醬汁中，
冰涼入味的涼拌蔬菜，都是每個家庭可以事先預備的料理。

在家庭宴會的概念進入現代人群居聚會的生活之後，食物的意義比之過去更要多元。它們不只帶來飽足、快樂，更負起呈現美感的責任；這也是我把這本書命名為「廚房劇場」的原因之一。

無論中西、家庭或商業餐廳，「冷菜」都是打頭陣的料理。原因很簡單，除了開胃之外，冷菜可以事先預備，對於緊接而來的廚房忙碌很有緩衝作用。如果每一道菜都需要客人入座之後才開始操作，客人的等待與廚師的緊張一定會牽動用餐的品質。

只要是經過時間考驗所留存下來、被認定足以做為涼菜的菜色，都是條件比較寬鬆的食材。它們最好的表現並不拘泥於一種特定的條件之下，不像很多料理，必須「趁熱吃」、「不要放」，弄得一餐飯也難免有緊張之感。

在其他的食譜練習中，照片的呈現還是偏重於工法工序的說明，因為如果不能把成品順利做出來，就沒有擺盤呈現的可能。但在這裡，我想藉著【醃番茄】這道簡單冷處理的餐前菜來說明「形」的變化，希望能使你感受到一個「好的開始」真的一點都不難。

## 材料

番茄2顆

洋蔥1顆

綠橄欖40克

香菜適量

蒜頭2顆

橄欖油1茶匙

番茄醬適量（因台灣番茄的品種與味道不同，用點醬以增加顏色）

鹽1/4茶匙

糖1大匙

檸檬汁1又1/2大匙

Other Variations

### 另一種變化

這道菜脫胎於南美的莎莎醬，如果你把所有材料都切或打得更「泥」一點，再添加一點辣醬，它就可以是莎莎醬了，加在酪梨上、沾玉米片或是與烤肉、優格同吃，都是絕配。

類似這樣在南美國度家庭天天食用的沾醬，並沒有固定的配方，但請掌握它的地域氛圍：辣、酸、甜、鹹之間的平衡，番茄與洋蔥絕不可缺。

## 醃番茄

有些青菜可以不用任何熱處理，只靠找對伙伴就自成一道美食。這道醃番茄沒有一定的調配比例，因此你可以依個人的喜好做選擇，直接拿來與一個白煮蛋、法國麵包、酪梨配著吃，也可以與海鮮為伴，做一個豪華的沙拉杯。

### 作法

1 番茄、洋蔥、綠橄欖切成細丁，香菜切末，蒜頭磨泥。

2 切好的材料全部混合，再加入檸檬汁、橄欖油、鹽、糖與番茄醬拌勻，至少泡2小時會更好吃，洋蔥的辣味也會變溫和。台灣天熱，這樣的食物在醃泡的過程中都放在冰箱裡是最好的。

## 冰茄條

有些不能生食的蔬菜，在熱處理過後浸泡在醬汁中，就可以當成小菜；有了冰箱之後，這些冰涼入味的青菜則成為家庭中能夠事先預備的家常料理。

### ♥ 作法

1 把醬汁用的蒜頭和香菜切碎，調入醬油、糖、醋、香油，找出一個你喜歡的平衡味道。

2 把茄子切成條狀或半圓段，在鍋中用水、醋與鹽一起燜煮到軟爛，趁熱拌上2/3份量的醬，放涼後再拌入剩下的醬。放在冰箱裡醃泡1、2個小時會更好吃。

*Basic Recipe*

### 煮茄子材料

茄子2隻
水300CC
醋3大匙
鹽1/4茶匙

### 茄子醬材料

香菜適量
蒜頭適量
醬油2大匙
糖1大匙
醋1/2大匙
香油1茶匙

# 蔬菜濃湯（一）

## 紅蘿蔔蘋果湯 / 新鮮甜玉米湯 / 白花椰奶油湯 / 馬鈴薯蒜苗湯

西式濃湯稠度的來源之一，是蔬菜的澱粉質所產生的濃厚。
但記得要先把食材煮到熟爛後再打成泥，以免增加操作上的麻煩。

中式的菜色很少把食材處理到脫離原本的形貌，就算刀工再細，也還是認得出材料出處，這當然與烹飪工具的發展和生活習慣息息相關。所以，這一則食譜中蔬菜濃湯的「濃」，與中式湯羹的「稠」是大不相同的。以此來做為東西方料理的辨識，我覺得是一個很好的介面，如果不弄清楚這個基本道理，做出來的菜就會中不中、西不西，辜負了雙方生活文化的特色。

西式濃湯的稠度來自於兩種條件。一是蔬菜本身的澱粉質經過煮熟攪細後所產生的濃厚，如以下所介紹的【新鮮甜玉米湯】與【馬鈴薯蒜苗湯】。另一種則是從麵粉與乳品而來的黏稠度，也就是西式料理的白醬，最常見的有【奶油蘑菇湯】。因為蘑菇雖有風味，本身卻沒有條件使湯濃稠，所以就另以奶油炒麵粉再加入牛奶成鮮奶油，來達到使這道湯成為「濃湯」的條件。

這兩個條件有時擇一而用，有時兩者兼採，但無論如何請別忘了，如果你想做一道正確的西式蔬菜湯，絕不可為了濃而以太白粉「勾芡」，用這一項中菜的特色來做西式的湯，就會顯得不倫不類。

濃稠的湯，不只口感上滑順，天氣寒冷時也更有保溫的作用。我很想把西式蔬菜濃湯的概念一次介紹給大家，所以接下來用了四個例子來說明它們的「通則」——

● 食材都煮到熟爛後再用果汁機打成泥（如果反著做，你只會給自己添加操作上的麻煩）。

● 要混合食材時，請考慮它們之間的相得益彰。

- 了解食材中可以提供使之濃稠的條件，無需重複提供。這樣說也許會使你感到困惑，所以請以馬鈴薯湯來思考。在這道澱粉已經足夠的湯裡，如果你還用白醬來使它濃稠，是不是很多餘？

- 煮熟的蔬菜放進果汁機打成泥的時候，不要把所有的水都加進去，應該以打得動為準，這樣質地會比較細緻。

- 凡有加牛奶或鮮奶油的濃湯，都不要在溫度到達後繼續高溫久滾，這會使湯產生顆粒，破壞顏色與質地。

雖然以下列出的只有四則食譜，但你可以根據上述五個通則做出更多種的蔬菜濃湯。我也特別為四道色彩不同的濃湯各做了一點合乎它們身份的裝飾，希望與你分享味道之外的喜悅。

## 材料（2人份）

中型紅蘿蔔1條
蘋果1/6個
鮮奶200CC
水200CC（水也可用雞高湯代替）
奶油1小塊
（份量可依個人的健康預算而自定）

# 紅蘿蔔蘋果湯

## 🥄 作法

1 把紅蘿蔔與蘋果切成薄片，用水燜熟之後加一點油炒香（請留幾片做為裝飾）。

2 冷卻後的紅蘿蔔和蘋果加入適量的水打成泥（水直接由200CC之中扣除）。

3 把蘿蔔泥、水與鮮奶拌勻後加熱至小滾，加入奶油，用鹽與白胡椒粉調味後熄火。

### 讓表演更出色

紅蘿蔔雖不是味道討喜的食材，但因為營養價值很高，還是常出現在餐桌上。煮紅蘿蔔時，只要讓它有足夠的糖化，香味就能壓過特別的生腥味，所以請先用水把紅蘿蔔燜熟，再用油炒香，稍微冷卻後打成泥，就可以做出味道很好的紅蘿蔔濃湯。

---

## 材料（2人份）

甜玉米3根
鮮奶150CC
水400CC
奶油1小塊

# 新鮮甜玉米湯

## 🥄 作法

1 把甜玉米煮熟後，切下玉米粒。

2 用適量的水先把玉米打成泥，再加入所有的水量打一次然後過濾（如果太濃就無法順利濾出），濾網請勿過細。

3 把濾過的玉米濃汁與鮮奶拌勻，加熱至小滾，加入奶油並以鹽調味。

## 白花椰奶油湯

### 作法

1 把花椰菜一朵朵切下洗淨；馬鈴薯去皮，挖去芽眼、切薄；洋蔥切成細瓣。

2 以淹沒過的水量把以上三樣材料一起煮到熟軟。

3 把煮軟的材料打成泥，加入所有的水量或高湯煮滾後，再放入鮮奶油繼續加熱，以鹽調味。請注意不要讓湯滾「花」了，此刻火力不可太大，湯已濃，要小心照顧，一滾就熄火。

*Basic Recipe*

**材料（3人份）**

白花椰菜1顆

馬鈴薯半顆（用來增加稠度）

洋蔥1/4顆

鮮奶油60CC

水600CC（用煮蔬菜的水，若要味道更好，可用高湯取代水量）

## 馬鈴薯蒜苗湯

### 作法

與白花椰奶油湯完全相同。

*Basic Recipe*

**材料（2人份）**

馬鈴薯2顆

蒜苗1大枝

洋蔥1/6個

鮮奶油40CC

水600CC

# 蔬菜濃湯（二）

## 鮮菇濃湯

當濃湯所用的食材不含澱粉時，就必須靠麵粉來製造黏稠度，
也就是西式料理的白醬。學會做白醬，你也就學會了焗烤料理的基本醬汁。

上一則食譜中的四道蔬菜濃湯，因為材料已有足夠的澱粉質，不必再靠麵粉來增加稠度。而這裡介紹的【鮮菇濃湯】，由於食材本身不含澱粉，因此以白醬為底，在練習做白醬的過程中，你同時也就學會了焗烤料理的基本醬汁。

在湯中討論濃度，是一個很有意思的問題，藉此也能發現料理千變萬化的背後其實都有可以解釋的道理。例如，216頁介紹的【新鮮甜玉米湯】，因為把玉米穀粒打碎了，煮成的湯自然已非常濃稠，但如果不經攪碎的過程，這種澱粉質雖然高達60～70%的食材，也不能為料理做出濃度上的貢獻。所以，如果你要煮的是「甜玉米粒濃湯」，就得注意兩個問題：

1. 做白醬。

2. 將煮熟的玉米粒用剁的，以保持玉米顆粒的完整形貌與口感，千萬不要用切的。

了解基本白醬之後，動手做一道鮮菇濃湯最有利於你認識白醬與湯的關係。白醬等於是一個「底」，可以變化其中的還有玉米濃湯、海鮮濃湯等等。

# 基本白醬

## 作法

1 用小火將奶油與低筋麵粉放入鍋中炒勻。

2 使用打蛋器邊攪拌邊加入鮮奶，直到滑順滾起。（濃稠度視需要而定，鮮奶與水分的增減可以自行調整。**值得記憶的是奶油與麵粉維持1：1的比例。**）

3 稀一點的白醬是濃湯，稠一點可以做義大利麵醬，更濃的則是焗烤醬，當然還可以用不同乳酪或鮮奶油來增加風味。

*Basic Recipe*

## 材料

奶油60克

低筋麵粉60克

鮮奶1000CC

# 鮮菇濃湯

## 作法

1 把各種菇類沖洗後切成小段，杏鮑菇可以切成薄片或粗絲。

2 在乾鍋中把菇炒熟，再倒入已經做好的白醬中，以鹽調味，也可以加上一些義大利香料粉與黑胡椒粉。

*Basic Recipe*

## 材料（4人份）

奶油30克

低筋麵粉30克

菇4種

鮮奶500CC

水600CC（可用高湯取代）

義大利香料粉少許

蔬菜

# 炒蔬菜3式

### 青炒綠花椰 / 油蔥酥銀芽 / 蒜炒地瓜葉

少油的烹調方法使青菜更能保留住自有的清香，
即使冷了也不會出現讓人厭膩的油味，把菜吃完，盤中也沒有多餘的積油。

傳統的烹調青菜方法常常用了過多的油，因此很多人覺得炒菜非要有那「砰」的一聲，煙霧與火星齊飛於鑊中的景象，炒出的菜才有迷人的香味。如果時間倒退三十年，我一點都不反對這樣的吃法，在一天只吃三餐、桌上食物又非常有限的年代，食物的油氣會帶來飽足感與營養，但這已不再是今日世界應該持續的烹調概念。

就讓我們從三款不同的炒青菜來想想，「油多火旺」到底是不是把青菜做得好吃的必要條件。特地選這三種菜來做為類型的思考，是

因為材料本身的含水量不同，正好可以體會水分與加熱的關係。

這一整個熱處理的過程中，主要是讓青菜在燜煮的方法中熟成（也就是水和空氣的熱對流），唯一可以被稱為「炒」的部分只在「爆香」。辛香配料（如蒜頭、薑、紅蔥頭）需要溫度才能提取香味，但爆香是否非要放在第一時間來處理，卻值得你重新認識，並實作一次再下定論。

我也喜歡香味，但持家二十六年來卻不再以這種方式炒青菜，原因有兩個：

- 怕油——所以我只能把少量的油用在刀口上，不是用來先潤鍋再炒整鍋的菜。那些油只用來炒配料，供應它們產生足夠的香味。

- 怕油煙——我愛乾淨卻很忙，不能大油大火舞弄一番再來刷洗。傳統爆香之後再加入待炒的菜，引發的煙中已有細油滴，你可以試試看，這樣炒菜之後，爐台的四周或窗台一定有水油沾染，要費上好一番功夫清理。我還發現，少油的方法使青菜更能保留住自有的清香，即使冷了也不會出現讓人感到厭膩的油味，把菜吃完，盤中也沒有多餘的積油。

如果你喜歡這種少油煙的方法，請先了解青菜含水量的問題與加熱的關係。一般葉菜類加熱後都會很快就釋放出水分（另一方面，我們在洗的時候也會夾帶水分），所以，請不要一下子就加太多的水到鍋中，例如豆芽菜、菠菜、白菜……，如果因為水太多而需要倒掉，這又為自己添加操作上的麻煩了！

水分少的菜如十字花科、紅蘿蔔等……，需要的水分當然比較多，但也要看所切的尺寸來判斷。別忘了這當中有一個非常重要的科學觀念：**熱處理時在鍋中所加的水，是為了要支持食材熟成所需的時間。因此需要多長的時間，就加多少水，才是最經濟的想法。**

太多了要倒掉，弄得你手忙腳亂；不夠了還能繼續加，因此無需緊張。在你還沒有足夠的經驗可以一次準確地掌握大致的水量前，請先不要下手太猛；不過，你也應該在每次實作的過程中，記憶你對水量加多加少的認識。

### 青炒綠花椰

綠花椰在整理時，請注意要用削刀把枝梗部分的皮削去，入口才不會有粗糙老硬的感覺。因為食用花的質地比較結實，需要比葉菜更多一點的水來支持燜蒸的時間，但多也不是多到需要去燒一鍋水，大致上來說，一棵手掌大的綠花椰，約需用1/3碗的水。最最重要的是，一定要加上蓋子。因為，如果不靠著加蓋產生「空氣的熱對流」來進行熟成，就得用淹蓋過食材的「水的熱對流」來達到同樣的目的。

### 油蔥酥銀芽

掐頭去尾的豆芽有個美麗的名稱叫「銀芽」，因為水分夠，只要進鍋時加蓋，豆芽就能以自己所含的水分燜蒸至熟，需要的時間也只是1~2分鐘之間。掀開鍋蓋後，加入超商都可以買到的油蔥肉燥，再稍微調味就很好吃。

### 蒜炒地瓜葉

地瓜葉本身水分並不太多，但因枝葉的關係，洗後雖瀝在網中，也還是夾帶著水分。地瓜葉進鍋中蓋上蓋子時，如果覺得水不夠，可以加一兩匙水，但不要多。看到葉子都熟軟後，在鍋邊用一點油爆香蒜頭，再把一旁的菜拌上，調味後即可裝盤。（葉菜中當然也有水分很多的，例如菠菜，就無需再加水。）

# 煮蔬菜3式

## 樹子苦瓜 / 醬煮甜椒 / 家常南瓜

蔬菜也可以靠著足以支持熟度的醬汁煮到入味。
這些菜因為沒有用油,除了適合健康管理,當成涼菜也能避免油膩感。

雖然大家都很了解多攝取蔬菜的重要,但工作忙碌的職業婦女卻還是煩惱著下班之後得快手快腳張羅的一餐。青菜的洗洗切切樣樣需要時間,如果又要摘或要挑,廚房裡真是兵荒馬亂人疲乏。能不能在假日準備一兩樣事先做起來、又好吃的青菜,以緩衝工作日裡的忙亂,想是許多講究營養的人衷心的希望。

我要用三個例子來說明另一類的蔬菜煮法。它不是湯,也沒有動用到任何的油,只靠著足以支持熟度的醬汁,便把蔬菜煮到入味。這些菜因為沒有用油,除了符合健康管理之外,也可以存放在冰箱中,當成涼菜沒有油膩感。如果是冬天,熱一下就很好吃。

# 樹子苦瓜

## 作法

1 白苦瓜頭尾縱切成六等分，去掉淺淺一層瓢囊，斜刀切成菱形。

2 嫩薑切成薄斜片，紅辣椒去籽切成斜條。

3 把樹子連汁倒出約1/3瓶（如果苦瓜比較大或是你喜歡味道比較濃，就倒多一點），在鍋子裡加入1/3碗的水和樹子，滾起後放入苦瓜與薑片，輕輕拌勻，加蓋燜煮，火的大小以確定鍋中維持滾煮的狀態就好。如果火太大，因為汁的味道濃，鍋邊就會先著色，這會使苦瓜無法保持清淡的淺白色。

4 煮約7分鐘之後，苦瓜就已經軟了。如果是老人家食用，需要更軟，10分鐘一定夠；想吃較脆的口感，5分鐘就可以了。

5 起鍋後立刻吹涼，冰涼後再吃更美味，也比較不苦。

6 紅辣椒是裝飾用，用一點油先加熱一下就起鍋，等苦瓜涼了再拌一起，就能保持漂亮的顏色。

Basic Recipe

## 材料

白苦瓜1條

醃漬樹子罐（市售玻璃罐的樹子皆可，我用的是大同牌，很容易買到）

薑

紅辣椒

## 醬煮甜椒

### ♥ 作法

1 甜椒清洗、擦拭乾淨，直剖對半將蒂頭與裡面的籽去除。

2 用瓦斯噴火槍或直接放置於爐火上燒烤，將甜椒外層的薄膜烤至焦化，放入冰水中，再用刀將薄膜刮除（泡一下冰水會使甜椒的薄膜比較好去除）。

3 將甜椒切絲，放入鍋中。

4 甜椒絲只需加入番茄醬，先以中小火燜煮至熟爛，再將多餘的水分收乾即可。因濃度高，火的大小是會不會燒焦的關鍵。

### 材料

甜椒4顆
番茄醬約半碗

# 家常南瓜

## 作法

1 南瓜洗刷乾淨，切成約4公分正方大塊，只刮去部分的皮做為裝飾，也可如照片中，用刨刀去掉呆板的直角。

2 在鍋中放入南瓜，再加入幾乎淹漫的水量，鹽與糖的比例可以參考1：2的用量。如果你喜歡甜味更重，糖可以調到2.5。

食材小常識 市面上的南瓜品種很多，盡量買已經剖開的南瓜，這樣你可以選瓜肉較厚、種子成熟的瓜。太嫩的南瓜煮起來水分很多，質地不緊，無論味道或形狀都無法讓人滿意，遇到這樣的南瓜，不要考慮熟食，刨片做成生泡菜會更好吃。

# 炸蔬菜2式

## 炸茄子 / 炸牛蒡

茄子在高溫下，雖然色與味都兼顧了，但也有過於油膩的隱憂。
改用一點油煎再用水燜，顏色雖不到艷紫，但也不失食物該有的穩重好看。

炸青菜通常是爲了要以高溫造成香味的反應或保留顏色而採取的熱處理法，最明顯的例子就是——茄子。

茄子有一個非常美的別名叫「蘇落」，這個古名很有文學氣息，是因爲茄子遇到油之後產生的香味如酪酥，後來就訛音爲「蘇落」。不過這兩個字放在一起真是好美！一點都不使人想起炸茄子的油煙氣味。

茄子在高溫下，色與味都兼顧了，不過這個經驗也帶來很可怕的結果，那就是長久流傳下來，中國茄子的食譜大多都非常油膩。因爲做法的第一步通常都是「過油」，而餐廳有成本考量，不能鍋鍋新油，這當然又帶來了另一種積陳的膩味。

茄子確實需要高溫來定色，不過並不是每條茄子經過高溫就一定會顯出漂亮的深紫色。品種與品質的不同會造成差異，即使是在同一條茄子身上，前後段的顏色也不一樣，這是無法避免的遺憾。

如果很怕油膩又喜歡茄子的營養，先用一點油煎再用水燜就是另一個解決的方法了。這樣的做法雖沒有茄子的豔紫，但顏色是穩的，我自己覺得它也有食物該有的穩重好看。

提到油炸就想起牛蒡。很多孩子不喜歡牛蒡是因爲第一次的經驗不夠好，吃到了燉湯，像蔘藥一樣的土根味。牛蒡的糖分很高，高溫可以引發它的特色，除了日式的「金平燒」之外，用削刀刨成長薄片，灑上一點麵粉，就可以炸出像洋芋片一樣的點心，孩子多半是喜歡的。只是油炸物比較燥，吃一點了解它的可愛也就夠了！

## 炸茄子

### 🥄作法

**1** 茄子可以裹麵衣或直接炸，麵衣的作法也很簡單，是傳統日式天婦羅的調法：用低筋麵粉半碗、蛋黃半顆、水80CC、油少許拌勻。

**2** 茄子表面光滑，有時沾不上麵衣，可以先拍一點乾粉，再裹麵糊，油溫約在160~180度之間。油炸任何料理都不要把油放得太滿，油如果溢出會著火，很危險。如果是單柄的鍋型，一定要注意鍋柄，不要放在拿材料時容易撥到的方向。

## 炸牛蒡

### 🥄作法

**1** 牛蒡皮不需要用削刀厚厚去掉一層，用刀背輕輕刮掉即可。

**2** 用齒口較寬的削刀一層層刨出片狀的牛蒡，泡一下鹽水、瀝乾，這樣牛蒡比較不會變黑。

**3** 薄薄撒上一層低筋麵粉，用160度左右的油炸一下，很快就熟脆，請注意鍋中的變化。

# 蒸綠竹筍

想吃好的綠竹筍，除了懂得挑細嫩的還要夠勤勞，最好回家就下鍋。
因為筍是竹的嫩芽，生命力很旺盛，不煮它會老得快。

我覺得世界上最會吃竹筍的是台灣人和日本人，你真的應該把「學
會煮綠竹筍」當成是身為台灣人的權利。無論你喜不喜歡廚房，每
年的春夏之際，找一天到市場去，買幾隻筍農趕在太陽出來前挖採
的綠竹筍（中秋前就大多是烏腳筍了，雖然這個變種也好吃，但比
起真正的綠竹筍，甜與細都略遜一籌）。

買綠竹筍的時候，記得選外形彎彎如牛角的，眼睛所看得到的筍基
最好沒有明顯的顆粒感（如果看起來像雞皮疙瘩，這樣的筍煮起來

都比較粗）。想吃好的綠竹筍，除了懂得挑細嫩的之外（如果你遇到誠實的商家就沒有問題），還要夠勤勞，最好回家就下鍋。如果量太多，寧願煮起來放，也不要以新鮮的狀態保存。因為筍是竹的嫩芽，生命力很旺盛，不煮它會老得快。

我們把竹的胎兒稱為「筍」是有原因的，竹從嫩芽成長變為筍，大約需要十天，中國自夏朝以來，以十日為旬，這樣的時間概念使得竹胎就有了「竹筍」的美名。

綠竹筍一般都建議連著幾層的筍籜（ㄊㄨㄛˋ，也就是筍皮）一起蒸煮。我會把筍洗乾淨，用電蒸爐加熱，留有幾層籜的筍泡在有水的淺盤中蒸25分剛剛好，淺盤所剩的湯汁，我倒出來煮蛤蜊湯，風味鮮甜。市場賣筍的人說，如果用大同電鍋，裡鍋放1杯水、外鍋2杯水蒸出來剛剛好，我想原理是一樣的，但自己並沒有試過。（因筍的大小相差不小，放4~5個應已是電鍋的極限。）

切涼筍還是滾刀塊好，我以前把筍切得較大，有一次媽媽提醒我怎麼這麼大，吃的時候我才感覺到，真的，還是一口一個，在口裡細細品嚐它的甜味更理想。涼筍一般都沾美乃滋或芥末醬油，胡椒鹽其實也不錯。

我在東部漁港度過童年，對於水產的喜愛應是環境所孕育。想起來，小時候印象中最奇怪的海鮮是「碎龍蝦肉」。我們鎮上有代工龍蝦標本的店，會把從大小龍蝦身上挖出、零零碎碎的肉拿來出售，我猜現在應該沒有人做這樣的生意了。

海邊長大的孩子對於海味的喜愛，當然是架構在「新鮮」的認知上，因此買任何海鮮我都是以「新鮮」為門檻。我認為評價海鮮應該分為兩個層次：一是新鮮；另一是既新鮮又美味。我這句話的意思是，兩種條件並不是有一必然有二。比如說，即使非常新鮮的飛魚、鬼頭刀，其實肉質都是不夠甜美的；而新鮮的旗魚雖甜，纖維卻粗，做生魚片很好吃，熟食就顯出缺點。還有長在污塘的貝類雖也是活的，煮出的菜卻讓人無法舉箸。海鮮的味道美不美，有些是本質的問題，但即使本質很好，季節與生長的環境仍牽動著海鮮的價值，「得時」就是意味著有條件的海鮮在最肥美時期上市的遇合。

魚類的肥美本指進入產卵期之前，這時身上為繁衍後代所積蓄的營養達到了最高峰，但如今我在市場上看到很多魚類的「肥」，竟一如禽畜類的積油，是因為養殖在擁擠的空間，又以飼料餵食的結果。這些積聚在魚腹的脂肪讓人不敢領教。

此外，都說買魚要注意看眼睛亮不亮、鰓紅不紅……等幾個條件，我則覺得魚身的彈性與光澤最重要，噴水刻意造成的濕度不會有自然的滑潤感，不新鮮的魚，眼珠部分也不會飽滿凸出。買魚時，除了熟知的幾樣檢查，按按魚腹，緊實的彈性才是無法作弊的條件。

# 活蝦料理2式

## 水煮活蝦 / 蔥蒜香蝦

煮蝦最重要的是溫度，因為蝦的蛋白質分解酶活性很強，不趕快破壞它，
蝦肉會變得有散糊感、不結實，所以要用多一點的水，放少一點的量。

儘管網路與媒體有各種報導與說法，我還是只買活蝦。關於這部分
的選擇，就請尊重自己的喜好，做出讓心中感到愉快安全的決定就
很好。不同季節，市面上輪番都有活蝦供應，斑節蝦、白蝦、草蝦
與泰國蝦最為常見，通常多天比夏天貴，進年關時更是飆漲。買活
蝦要挑去軟殼的，如果看到已經放卵的泰國蝦不要買，這個時候的
蝦肉最不好吃。

蝦是很容易造型的食材，擺盤時稍動一點腦筋就會使整盤菜的感覺
生動起來。蝦的好是顏色與體態同時都有優勢，還可以把尾部單獨
分開來陳列，我在右頁的照片中整理出了一些造型供大家參考。

蝦的頭部有極尖的額劍，不小心刺到就會受傷，傷口看不見卻很癢
痛。你可以在擺盤之前先剪去觸鬚與額劍，這會使進食的人安全一
點，擺盤也比較俐落。

## 水煮活蝦

海鮮無論蒸或煮，熱度都是由外入內，慢慢提高。記得去大連旅行
的時候，幾家規模很大的活海鮮餐廳都有「微波」的烹調方法供客
人選擇，這讓我想起台灣有些咖啡廳特別聲明絕不用微波爐。兩者
都有趣，也都有一定的支持者，我想這又是一個該自己選擇，但不
必爭論不休的生活問題。

煮蝦最重要的是溫度，因為蝦身上的蛋白質分解酶活性很強，在攝
氏55~60度時最活躍，如果不趕快破壞它，蝦肉會變得有散糊感，
吃起來雖然沒有腐壞的感覺，但肉就是不結實，也就是台灣話說的
「麩麩」。所以，煮蝦時要用多一點的水，放少一點的量，以多潑

少，一次就達到理想的溫度。當然，以一般家庭工具的限制來說，
不厭其煩、多分幾次煮就是唯一解決的辦法了（水量比請參考上方
照片）。蝦最好趁新鮮吃完，萬一不能，煮起來保存比存起來再煮
要好得多。

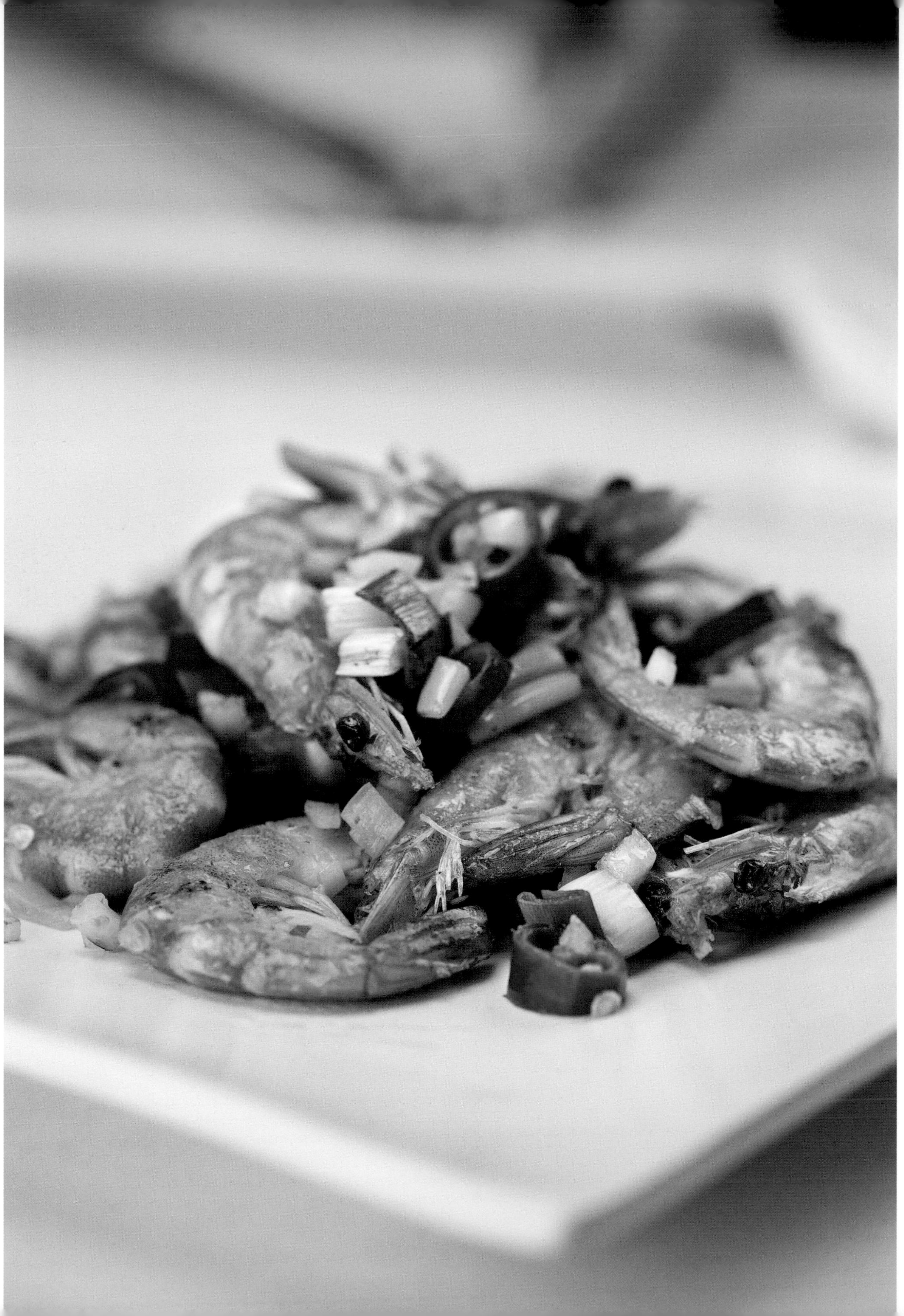

## 蔥蒜香蝦

活蝦水煮之後，還可以再變形成另一道「蔥蒜香蝦」。當然，你也可以用這樣的方法直接處理活蝦，但顧及到熱處理條件的問題（家用的爐具火力不夠大或是剛開始還不熟練），燙後再鹽酥也不失為初學者值得一試的方法。

*Basic Recipe*

### 材料

活蝦半斤
蒜頭5顆
蔥2根
辣椒1條（若有香菜也可最後加上）

### ❦ 作法

1 把燙好的蝦瀝乾後，輕拍上一些太白粉或低筋麵粉。

2 在鍋中放入1匙油，加熱後放入辛香料炒香，立刻起鍋。

3 用原鍋把蝦稍煎香，這時，你已無需顧慮蝦的熟度，只要注意表皮是否香酥。

4 倒入剛剛炒香的辛香料再拌和一下，加上鹽與黑胡椒就可起鍋。

海鮮

# 比目魚甘露煮

魚肉細緻的小型魚都適合煮，而各種醬煮魚的作法基本上都相同，
只是由甜而鹹調整調味的組合，最重要的是酒與水所支持的加熱時間。

生活中有很多事我都是不求甚解的，長大後覺得很後悔，本來可以在生活中自然學會的事還真多，白白錯失了很多的機會。

小時候，媽媽常在餐桌上要我吃魚時會說：這魚很好呢！是「釣仔魚」，我一直以為那是魚的名稱，雖奇怪怎麼這些魚長得不同卻用同樣的名字，不過我連問也沒問過。長大之後才知道，「釣仔魚」是指「海釣」魚，而不是指一種魚，因為是釣來而非捕獲的，數量總是少，尤其是磯釣地勢特別，經常有稀見的魚類，又特別新鮮。

魚肉細緻的小型魚都適合煮，一整塊魚片當然也可以，但單一部位只是吃起來方便，實在不如一整條魚來的有趣。

這種偏甜的煮法是「甘露煮」，台灣話就叫做「豆油糖」，顧名思義，是醬油與糖的二部和聲。日本人煮魚習慣用味醂來供應甜味，因為味醂既與糖有異曲同工之妙，而且更進一層可以除去腥臭味。味醂是以糯米、燒酒和麴一起發酵釀製而成的調味料，因此「本味醂」大約含有百分之十四左右的酒精成分，而它的糖分組成比較多樣，不像調味用的各種糖基本上都是蔗糖。味醂與「味醂風」調味料很不同，買的時候應該分清楚。

味酥的用法依照個人的習慣不同，但日本廚師有一種經驗之說是：蔬菜用糖，魚用味酥，可以做為參考，有助於自己的烹飪基礎。我不想把「醬煮魚」再分成不同的食譜，因為由甜而鹹，只要調整調味的組合就可以，重要的是其中酒與水所支持的加熱時間。

Basic Recipe

## 材料

比目魚（或其他海魚）1隻
（照片中這隻約20~25公分大）

酒100CC

味酥50CC

醬油40CC

砂糖1小匙

水50CC

薑絲

## 作法

1 把所有的調味料和一部分的薑絲都放入鍋中滾一下。

2 把魚放進來，確定鍋子的大小可以輕鬆容納整條魚，否則就不如切成兩段。

3 魚與醬汁再度滾起後，蓋上鍋蓋。這時火不要太大，否則鍋邊會因醬濃而燒焦。滾煮幾分鐘後，小心翻面，注意不要弄破魚皮或折斷魚鰭、魚尾等較脆弱的部位。

4 照片中這樣大小的比目魚約要煮15分鐘，時間的長短請以你買到的大小來調整。魚皮本身因為有膠質，煮出的醬汁自然就有濃稠度，等兩面都熟後，放入薑絲再滾一下就可起鍋。

一點小叮嚀 中國菜向來都把薑做為除腥臭之用，這和日式煮魚以薑來調味有些不同，但你可以根據薑在當季的味道與自己的習慣來決定。

# 鮮魚味噌湯

用來煮湯的魚一定要夠鮮甜，所以不必在湯中再加上一堆柴魚花。
魚本來就有自己特別的滋味，每樣都交疊柴魚味，其實是干擾而非幫襯。

## 材料

如果不是用整條魚，就用大
魚的魚頭剁塊（石斑魚、鰤魚或
鮭魚也很適合）

洋蔥1/4個

嫩豆腐

大白菜或小白菜（不宜用高麗菜）

菇類1~2種

青蔥

味酥

味噌（因品牌太多，請參考你所買
的種類，按照標籤建議用量來取用）

味噌雖起源於中國，卻發揚光大於日本、韓國。談海鮮若少了味噌是很可惜的事，所以我特別加入這則食譜。用來煮湯的魚一定要夠鮮甜，所以不必在湯中加上一堆柴魚花，這就和有時在餐廳吃生魚片，店家強調給的醬油是「鰹魚醬油」一樣不合情理。魚本來就有自己特別的滋味，每樣都交疊柴魚味，其實是干擾而非幫襯。

味噌煮魚可自成一鍋，但即使是做為一餐主體的鍋，也不要拉拉雜雜地加入過多的食材，這會可惜了味道的黃金比例。「多」反映的未必都是豐富與層次，有時也會變成累贅；我曾看過商業廣告說某某家的湯頭是用六十幾種中藥熬煮，真不知這麼多味道要如何彼此協調，我們的味蕾又要如何消受。

除了西京味噌之外，市面上供應的味噌一般都偏鹹，用量要以自己使用的種類為考慮。味噌湯的甜味可用洋蔥來加強，不要都用糖，所加的蔬菜和魚的甜味當然也會有貢獻，要以總體的味道做為平衡的考量。

腥味不重的魚煮湯才好，尺寸大小皆宜，如果買的是大魚，我喜歡魚頭多過魚肉。頭部膠質多、質地複雜，煮出的湯也自然更濃稠。味噌不應久滾，所以用涮涮鍋的方式慢慢煮味噌，其實並不合適。

## 作法

1 洋蔥切絲，先滾煮15分鐘，再分次加入大白菜、魚塊、豆腐、菇與1匙味酥。

2 等所有食材都熟透，再調入已用水軟化的味噌。調整味道，最後撒上青蔥粒，就可上桌。

# 生鮭料理2式

**生鮭魚沙拉 / 生鮭親子丼**

鮭魚的油脂很多，以生魚片入口時，油脂的感覺是柔滑的，但炙烤之後，
脂變成了油而流出魚肉，若沒有一點飯托底，油的好處就無法被完全領受。

台灣雖然不產鮭魚，但從加拿大與日本冰袋冷藏進口的整隻銀鮭很
新鮮，從切開的魚肉中就可以看到油花的分布，做成生魚片時，雖
尚未入口，通常一眼也能判斷出品質的高低。

如果你能買到夠新鮮的生鮭魚片與鮭魚卵，可以同時試試這兩道材
料完全相同，但一冷一溫的料理。鮭魚的油脂很多，以生魚片入口
時，油脂的感覺是柔滑的，但炙烤之後，脂變成了油而流出魚肉，
如果沒有一點飯來托底，油的好處就無法被完全領受。所以，炙鮭
魚做成握壽司或做成丼，的確是很好的安排。

這裡所用的噴槍，在五金行都買得到，無論做焦糖類的點心或表面
燒炙的料理，因為有了這樣一支三百多塊的工具，許多家製的料理
即使沒有專業廚房的設備，也可以加分。若真的不想買噴槍，請在
鍋子裡乾烤一下，鍋子熱了之後再下鮭魚，絕不能用油，魚片一貼
鍋出油時就翻面，另一面加熱後馬上起鍋。

## 生鮭魚沙拉

### ❚作法

1 把洋蔥切成很細的絲，然後泡水。如果怕嗆鼻味，請換幾次水，
　處理完後瀝乾備用。

2 把生菜都洗淨，用手撕成碎片後拌入調好的醬汁。

3 在盤上擺好生魚與沙拉，再淋上鮭魚卵。

*Basic Recipe*

## 材料

新鮮度可生食的鮭魚（每人份
約3片）

鮭魚卵（每人約1大匙）

洋蔥（半顆約可做6人份）

生菜（蘿拉、洋齒、小茴香、蘿蔔
嬰、香菜等）

## 醬汁

綠橄欖少許

鹽1/4小匙

糖1茶匙

檸檬汁2大匙

橄欖油1大匙

### 材料（1人份）

鮭魚腹4片（因為炙的部位最好油脂豐富，所以如照片中所示的魚腹是最好的選擇）

鮭魚卵1大匙

青紫蘇葉2片

### 飯的淋醬

醬油1茶匙

味醂1/2茶匙

開水1大匙

## 生鮭親子丼

### 作法

1 把4片鮭魚腹中的2片用噴槍兩面燒炙。

2 在盛好的飯裡均勻淋上醬汁，開始排列所有食材。請參考照片，但你很可能會排出比我所規劃更美的碗中劇場。

**食材小常識** 常常與鮭魚或鮭魚卵搭配的香料植物，東西有別。西方用的是「小茴香」（如照片中左側），在台灣又叫「客家芫荽」，香味十分特別，我覺得它跟鮭魚在一起，真會讓人想起無論是人或食材都可能彼此協調的美好，只能用「絕配」來形容。然而，這絕配之感得在完全西方的情境下，才會讓人有深刻的感受，它不能有「醬油」同在。如果鮭魚來到了東方，自然有更好的才子配佳人，那就是【生鮭親子丼】所用的綠色葉片「青紫蘇」（如照片中右側），它的日文漢字寫作「大葉」，非常青香。

煎 炸烤煮蒸炒

# 乾煎鱈魚

所有冰凍的魚，煎之前一定要完全解凍，否則在煎的過程中很容易出水。
油不用太多，火不要過大，記得蓋一下鍋蓋，是基本的三個小訣竅。

鱈魚的品種很多，市場上有些是切好後以冷凍的狀態出售，也有些是當場現切成片供應。買冷凍片時要小心別買到回凍的商品，食物最忌諱為了陳列而進進出出於不同的溫度中──不只是鮮度的問題，質地也會在冷凍與退冰的反覆中，一再失去本有的水分。

我常常看到許多人為了把魚煎成一大片而愁眉苦臉。魚的大小與家中的鍋子不相上下，擠擠挨挨、小心翼翼地顧得了這裡，管不了那裡，心裡只埋怨著為什麼沒有一隻大鍋。這則食譜練習是為了提醒你，不需要想著買大鍋，你盡可以把魚切小的。當你覺得總是很難成功煎好一整片很大的魚塊時，就把整塊魚片切成較小的塊狀，這樣不但方便操作，也可以有更漂亮的擺盤方式。

另外要提供的想法是，像鱈魚這樣水分較多的魚類，可以在表層薄薄打上一層粉，一方面可以避免魚肉水分的流失，另一方面增加風味；或是以麵粉與蛋為它創造一層「皮」，因為蛋很容易著香，就可以為質地細但不是有特別風味的鱈魚增添一點不同的情調。

所有冰凍的魚，在煎之前一定要完全解凍，否則在煎的過程中很容易出水。你可以為鱈魚裹上不同的外衣，再入鍋來煎，只要是比較清淡的白肉魚，都可以應用這種烹調概念。以下是提供給你的三種建議：

**1.** 在下鍋前抹上一點鹽。

**2.** 以鹽調味後直接裹上一層太白粉。

**3.** 以鹽調味後先裹上一層低筋麵粉，再裹一層全蛋蛋液。（工序如下方照片左一～左三所示）

雖然裹上不同的外衣，但它們的煎法都是相同的（在下方最右側的照片中，左邊是裹蛋液的魚塊，右邊則是只有抹鹽的魚塊）。油不用太多，火不要過大，記得蓋一下鍋蓋，就是主要的三個小訣竅。不要擔心蓋上蓋子皮會不酥，掀開鍋蓋後那段再度加熱的時間，還是會使皮再度酥脆。但如果不加蓋，厚一點的魚片中心可能就不夠熟，尤其裹著蛋液的那一塊，很可能皮都微焦了，骨卻還未熟透。

**讓表演更出色**

● 煎起來的魚不應攤平在盤中。切塊的好處在於可以彼此架構出透氣的空間，以排出熱氣，讓兩面都保持較酥脆的狀況，否則燜著的一面不但會濕爛，還會釋放膩著油的水氣，在魚翻面時讓人覺得掃興。

● 裹太白粉煎的鱈魚，可以沾番茄醬吃，這是小朋友很喜歡的一道菜。

# 蒜味蛤蜊湯

在攤上買蛤蜊時，不要貪大，殼大可不一定肉肥。
蛤蜊與蒜頭的味道十分相合，這樣的清湯把蛤蜊鮮甜的一面保留得更好。

## 材料

蒜頭

蛤蜊（每人份大概準備蒜頭2~3顆，
蛤蜊大的6~8顆，小可至10顆）

酒

我們小時候都叫做「粉堯」的蛤蜊，一般與冬瓜薑絲或絲瓜薑片一起煮湯。蛤蜊與蒜頭的味道其實非常相合，我覺得這樣的清湯，把蛤蜊鮮甜的一面保留得更好，可以多用於家常菜單。

蛤蜊雖是台灣很常見的貝類，但只棲息在沙質海地，所以我小時候其實很少在餐桌上見到，因為粉堯是從「西部」運來的，而母親覺得當地的物產最好。好玩的是，對西部人來說頗為高貴的食材「九孔」，倒是我們在台東家鄉很常見的。下午常有些水性好的大孩子去「潛九孔」，他們會把當天所獲想辦法挨家挨戶去兜售，網中有奇奇怪怪、動與不動的活物。

這些男孩的特徵是全身滴水，臉上蛙鏡痕深陷（這種男孩我們班上就有幾個），現在的人很難想像，那就是我們那個年代，也是在我們這樣的漁村才有的「打工」法，自食其力、有勇有謀。有一次，有個男生跟我們兜售一小堆「倒退嚕──旭蟹」，爸爸很喜歡，買了好幾隻，但這蟹實在小，那晚口舌手指在蟹身的「輕隔間」中忙了老半天，至今我還牢牢記得。

在攤上買蛤蜊時，不要貪大，殼大可不一定肉肥。現在攤上賣的蛤蜊多半已吐好沙了，馬上就能下鍋，買的時候可以再問一下，如果回家還需要泡鹽水，一般以千分之二的濃度為參考標準，經過一個小時的吐沙後就可以調理了。

## 作法

1 蛤蜊刷洗乾淨。

2 整顆蒜頭剝皮，輕壓至破但不要碎，盡可能保持整顆的感覺。

3 以多少人喝湯來決定用水的總量。在鍋中用這些水先滾煮蒜頭至
　出味，再倒進一點酒，然後放入蛤蜊，等蛤蜊一打開就起鍋。

4 在此之前都先不要調味，直到蛤蜊都打開，嚐了湯的味道，再決
　定要不要加一點鹽。同樣的作法，也適合料理田雞和蜆。

# 醬炒海瓜子

海瓜子一定要買活的，看到整盤斧足都沒有伸出殼外的，千萬不要買，
輕輕空空的更不要拿。一隻死的海瓜子真能害你丟掉一整鍋菜！

海瓜子的別名是「山瓜子」，台灣南部沿海有產，
殼很薄、肉很甜，與厚殼的文蛤風味極不相同。我
的家鄉成功雖是漁港，但因海岸地形的關係，並沒
有產蝦貝，不知道是不是出於這種缺憾，我特別愛
好貝類，喜歡所有的軟體海鮮。直到去曼谷住了七
年，才知道泰國的海瓜子多到還拿來乾燥當小零嘴
吃。但泰國的海瓜子其實沒有台灣的好吃，腥味較
重，體型也比較瘦小。

台灣市場上現在的海瓜子供貨，有一大部分來自中
國大陸，品質良莠不齊。買海瓜子一定要買活的，
看到整盤斧足都沒有伸出殼外的，千萬不要買，輕
輕空空的更不要拿。店家很可能看你不懂就告訴你
牠們正在睡覺，這時你一定要固執一點，只帶著清
醒的一批回家。一隻死的海瓜子真能害你丟掉一整
鍋菜，這時才想起老鼠屎與粥的故事，真的已經太
慢了！

很多人覺得在家很難做好貝類料理，這是心理障礙
也是工法不夠清楚時的迷思。4分鐘就能把這樣一
盤料理做出來，但你一定需要一個鍋蓋來把溫度留
住，而不是想著餐廳那大油大火的條件。

我也想跟大家分享一件小事，光是活的貝，也有不
夠好的時候，那就是雖然新鮮，但體態不夠豐腴。
有時候不只是季節不對，也可能是因為當日沒有售
完，在沒有食物的環境養著、養著，也就瘦了。

## 作法

1 貝類洗淨後瀝乾。

2 如果不希望太辣，可以把紅辣椒對剖後刮掉籽，再切成大斜片，蒜拍切成粗粒，蔥切段，薑切粗絲。

3 把所有的醬先調在一起，太白粉水先不要加入。

4 在鍋中熱油後放入所有的配料，翻炒幾下出香味後就倒入貝類，緊接著放下已調好的調醬。

5 翻覆均勻後，蓋上鍋蓋，約2分鐘後掀開，貝類多數已開，再翻拌一下。

6 殼全開後，貝肉的水分也釋出，這時偏斜鍋子，讓汁液集中於一方，然後倒入粉水，快速攪動、勾芡，把所有的貝類與看起來較濃的醬大拌一次後，立刻起鍋。

## 材料

花蛤或海瓜子1斤（拍照時市面上剛好沒有海瓜子，以花蛤代替，也可以是蛤蜊）

薑

蒜頭

紅辣椒

蔥

太白粉1/4小匙（1：1調成粉水）

## 調醬

醬油1/2大匙

黑醋1/2茶匙

糖1/3茶匙

酒1/2茶匙

香油少許（也可省略）

# 軟殼蟹沙拉

烤過的軟殼蟹很香，不需要太多的佐料，
搭配少量生菜沙拉再淋上一點酸甜醬，就是很理想的前菜或下酒菜。

在曼谷居住那七年，我很常買軟殼蟹。泰國的軟殼蟹多數從緬甸而來，以半打或一打等不同隻數的包裝在超市流通，對家庭採購來說很適量，因此我在那段時間有充分取材練習的機會。

軟殼蟹是螃蟹剛脫殼後的狀態，節肢動物在成長階段必須換殼，但脫殼已耗盡體內所積蓄的蛋白質和脂肪，這時牠們是非常脆弱的，很容易受到攻擊，連同類都可以是敵人，如果沒有安全的躲避處，就會被硬殼蟹吃掉。

久而久之，人們懂得要把準備脫殼的螃蟹分隔開來，以阻止捕獲物的損失，也開始有漁民專營軟殼蟹的處理。他們將剛剛脫殼完的蟹放入冰水中，立刻冷凍送到市場作為食材，減少了過去因為缺乏照顧管理的損失，也創造了新的食材市場。

開始脫殼的螃蟹為了要撐起如凝膠狀、薄薄的外殼，而大量吸收水分，又因此時體力的耗盡與新殼的尚未長全，這個階段的螃蟹沒有肉質的口感可言。吃軟殼蟹絕非為了牠鮮甜的肉質，而是因為甲殼類動物身上有很多甘胺基酸，即使在較低的溫度下也會產生褐化的香味，所以一般軟殼蟹多以油炸或烤的方式來處理，而非清蒸。

雖然沒有硬殼螃蟹的鮮甜與肉質，但炸或乾烤的軟殼蟹真的很香，所以我覺得不要用太多的佐料來做為搭配，喧賓自然奪主。像香港避風塘或台灣鹽酥這類作法，因為辛香配料都太濃厚，反使軟殼蟹自己的香味被掩蓋了，所以我還是喜歡用乾烤或薄粉淺炸，只配少量生菜沙拉再淋上一點酸甜醬。這樣的菜適合做前菜或下酒菜，小份量淺嚐即止，太多也就膩了。

*Basic Recipe*

**材料（2~3人份）**
軟殼蟹2隻
各式生菜少許

**酸甜醬**
蜂蜜1大匙
檸檬汁3大匙
辣椒碎
蒜頭碎
魚露1茶匙

## 作法

1 軟殼蟹退冰後，用剪刀把腮剪乾淨，清洗後盡量瀝乾。

2 在乾鍋中兩面烤香軟殼蟹，螃蟹水分很多，請放心不會烤焦。當
  水分散盡，螃蟹可以輕易脫離鍋底時就熟了。

3 進行最後的擺盤、淋醬，即可上桌。

Living 1

# 廚房劇場
*Act in Your Kitchen, Back to Your Table*

作者：蔡穎卿

攝影：Eric

食譜製作協力：王嘉華

插畫：Pony

責任編輯：郭玢玢

美術設計：耶麗米工作室

法律顧問：全理法律事務所董安丹律師

出版者：大塊文化出版股份有限公司
　　　　台北市105南京東路四段25號11樓
　　　　www.locuspublishing.com

讀者服務專線：0800-006689　　TEL：（02）87123898　　FAX：（02）87123897

郵撥帳號：18955675

戶名：大塊文化出版股份有限公司

總經銷：大和書報圖書股份有限公司
　　　　新北市新莊區五工五路2號
　　　　TEL：（02）89902588(代表號)　　FAX：（02）22901658

製版：瑞豐實業股份有限公司

初版一刷：2012年4月

初版五刷：2016年7月

定價：新台幣480元

國家圖書館出版品預行編目（CIP）資料

廚房劇場 / 蔡穎卿著.
　──初版. ──臺北市：大塊文化, 2012.04
　面；　公分. ──（Living：1）
　ISBN 978-986-213-331-6（平裝）
　1.烹飪 2.食譜
　427　101004342

LOCUS